Himmelsrichtungen und Erdrotation

A

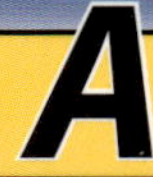

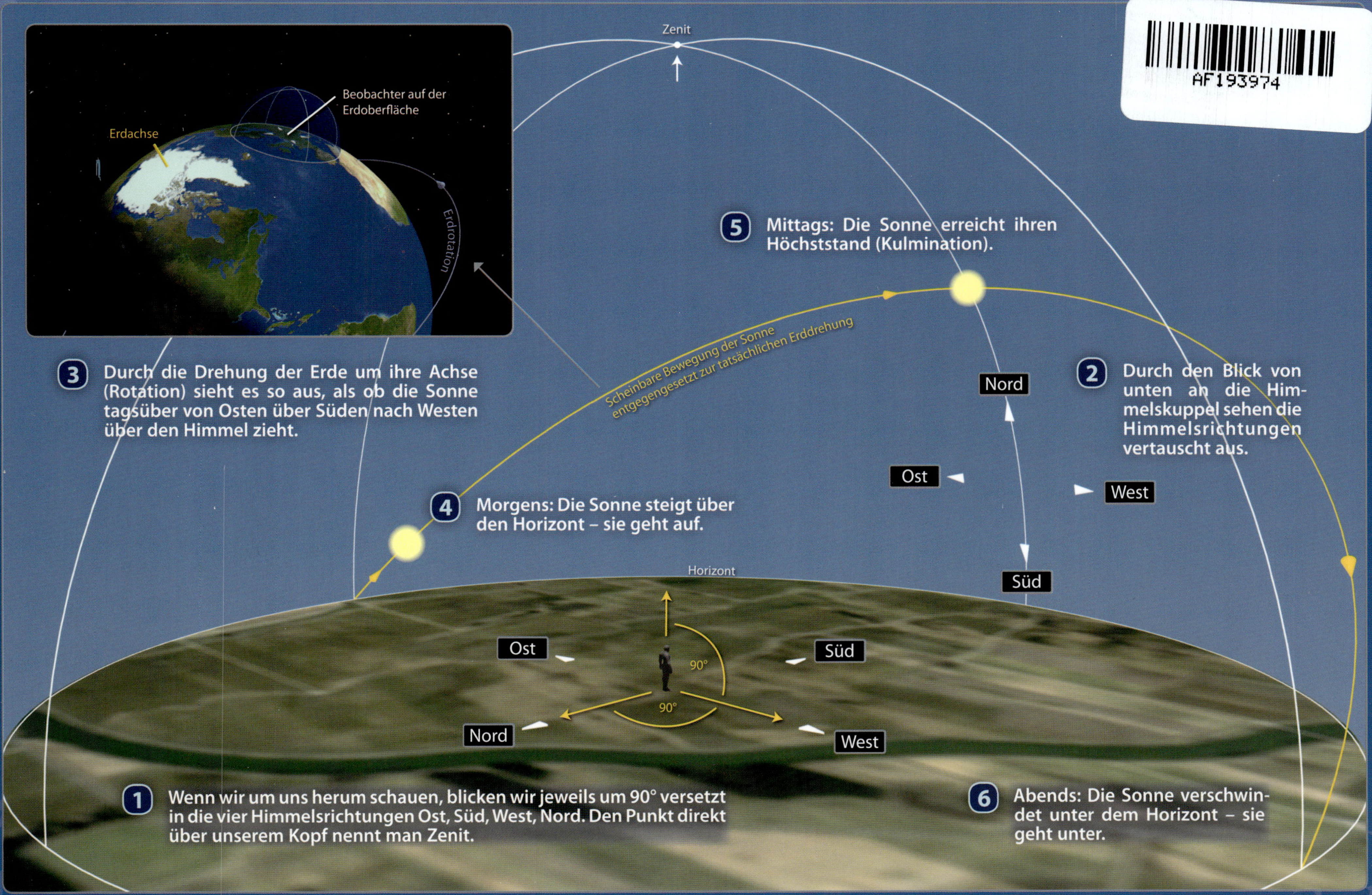
Zenit
Beobachter auf der Erdoberfläche
Erdachse
Erdrotation
Scheinbare Bewegung der Sonne entgegengesetzt zur tatsächlichen Erddrehung
Nord
Ost
West
Süd
Horizont
Ost
Süd
90°
90°
Nord
West

1 Wenn wir um uns herum schauen, blicken wir jeweils um 90° versetzt in die vier Himmelsrichtungen Ost, Süd, West, Nord. Den Punkt direkt über unserem Kopf nennt man Zenit.

2 Durch den Blick von unten an die Himmelskuppel sehen die Himmelsrichtungen vertauscht aus.

3 Durch die Drehung der Erde um ihre Achse (Rotation) sieht es so aus, als ob die Sonne tagsüber von Osten über Süden nach Westen über den Himmel zieht.

4 Morgens: Die Sonne steigt über den Horizont – sie geht auf.

5 Mittags: Die Sonne erreicht ihren Höchststand (Kulmination).

6 Abends: Die Sonne verschwindet unter dem Horizont – sie geht unter.

Sonnenlauf und Jahreszeiten

B

1 Die Erde benötigt ein Jahr für einen Umlauf um die Sonne. Da die Erdachse zur Bahnebene geneigt ist, fallen die Sonnenstrahlen jeweils unterschiedlich steil auf die Erdoberfläche ein. Durch die damit verbundene unterschiedliche Intensität der Sonneneinstrahlung entstehen die Jahreszeiten. Sie sind auf der Nord- und Südhalbkugel der Erde jeweils entgegengesetzt.

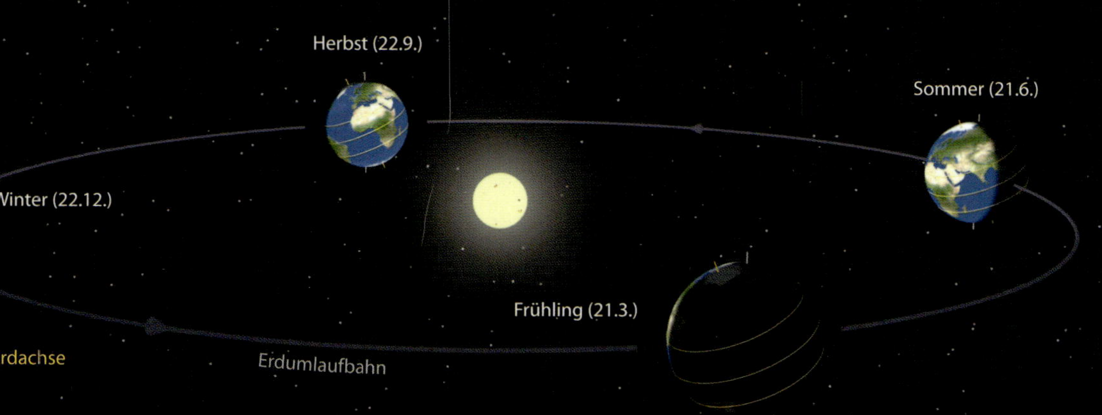

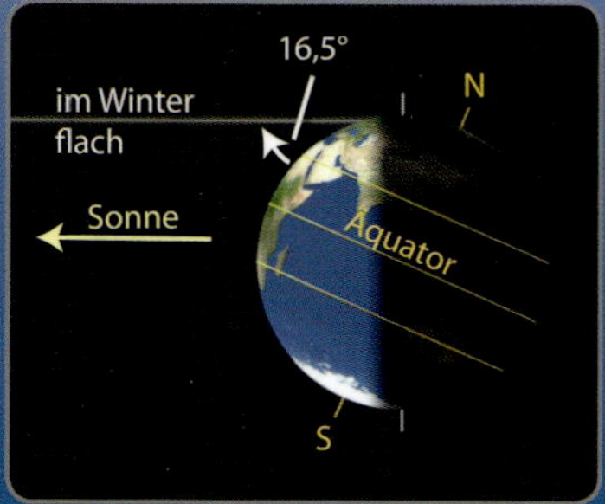

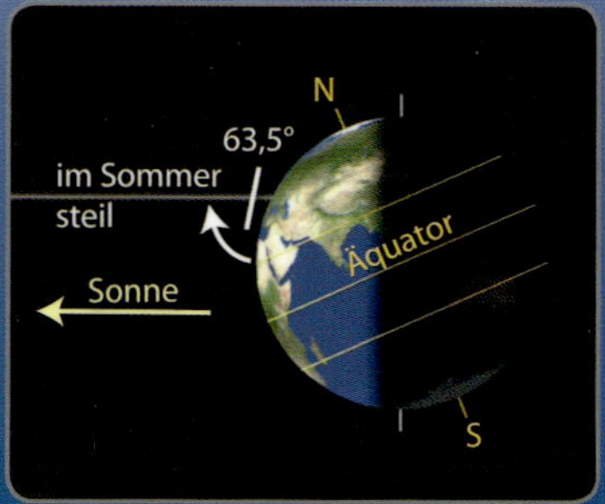

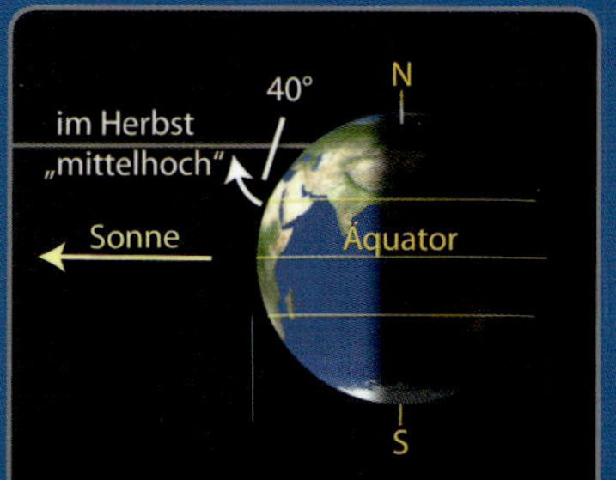

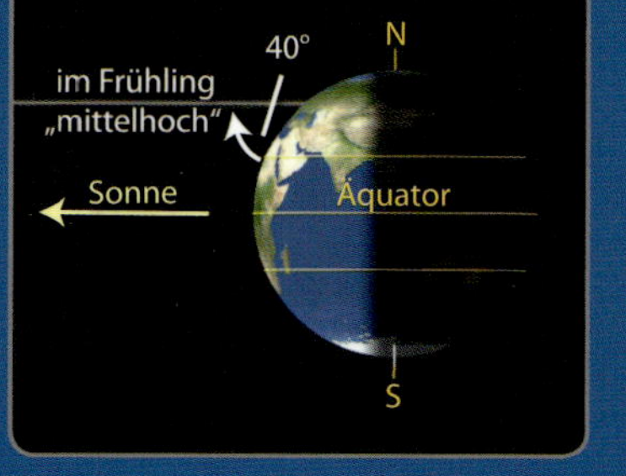

Darstellung nicht maßstäblich

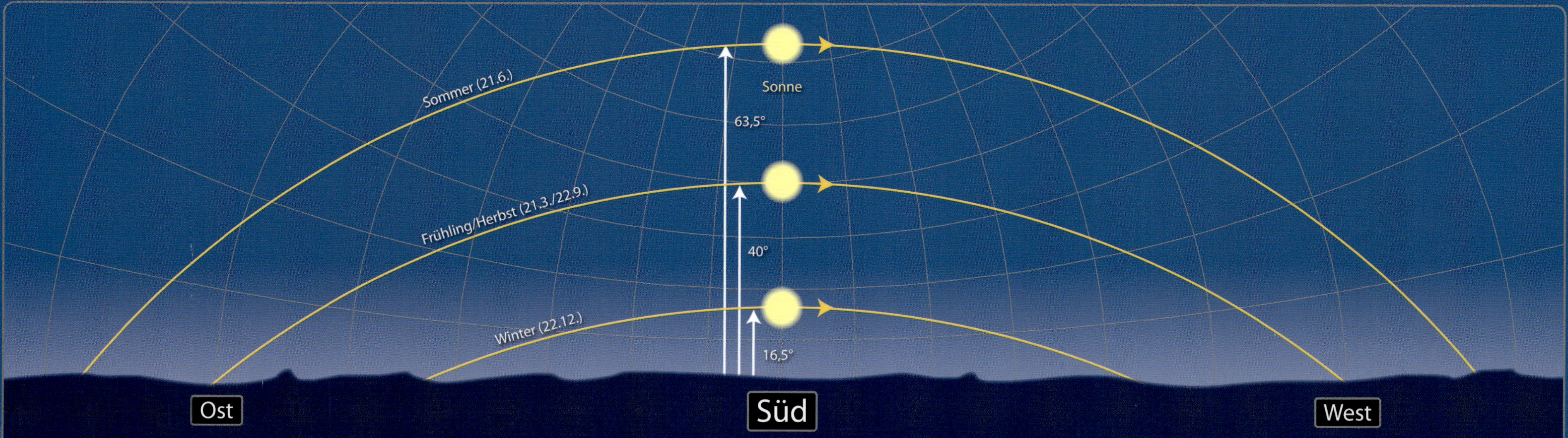

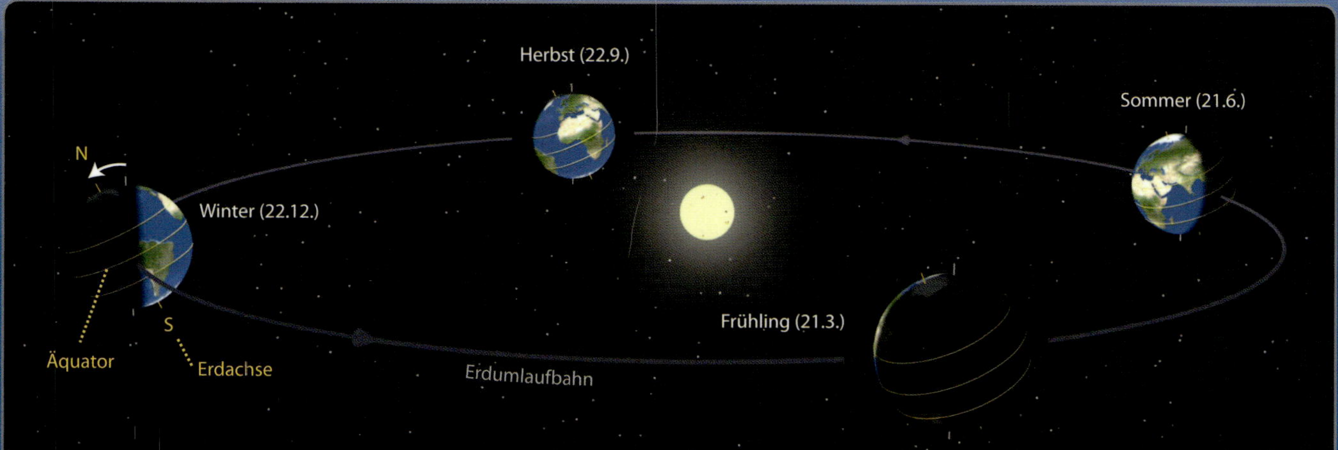

2 Im Sommer zieht die Sonne in einem hohen Tagbogen über den Himmel, im Winter in einem niedrigen Tagbogen (die Höhenangaben in Grad gelten für 50° nördl. Breite). Morgens geht sie im Osten auf, steht mittags am höchsten im Süden und geht abends im Westen wieder unter.

Mondlauf und Mondphasen

1 Knapp einen Monat dauert es, bis der Mond einmal die Erde umrundet hat. Während dieser Zeit können wir ihn von der Erde aus in verschiedenen Phasen sehen *(Kreisansichten)*.

2 Er zeigt uns dabei stets seine vertraute Vorderseite, weil seine Drehung um die eigene Achse die Bewegung um die Erde immer wieder ausgleicht *(blaue Pfeile)*.

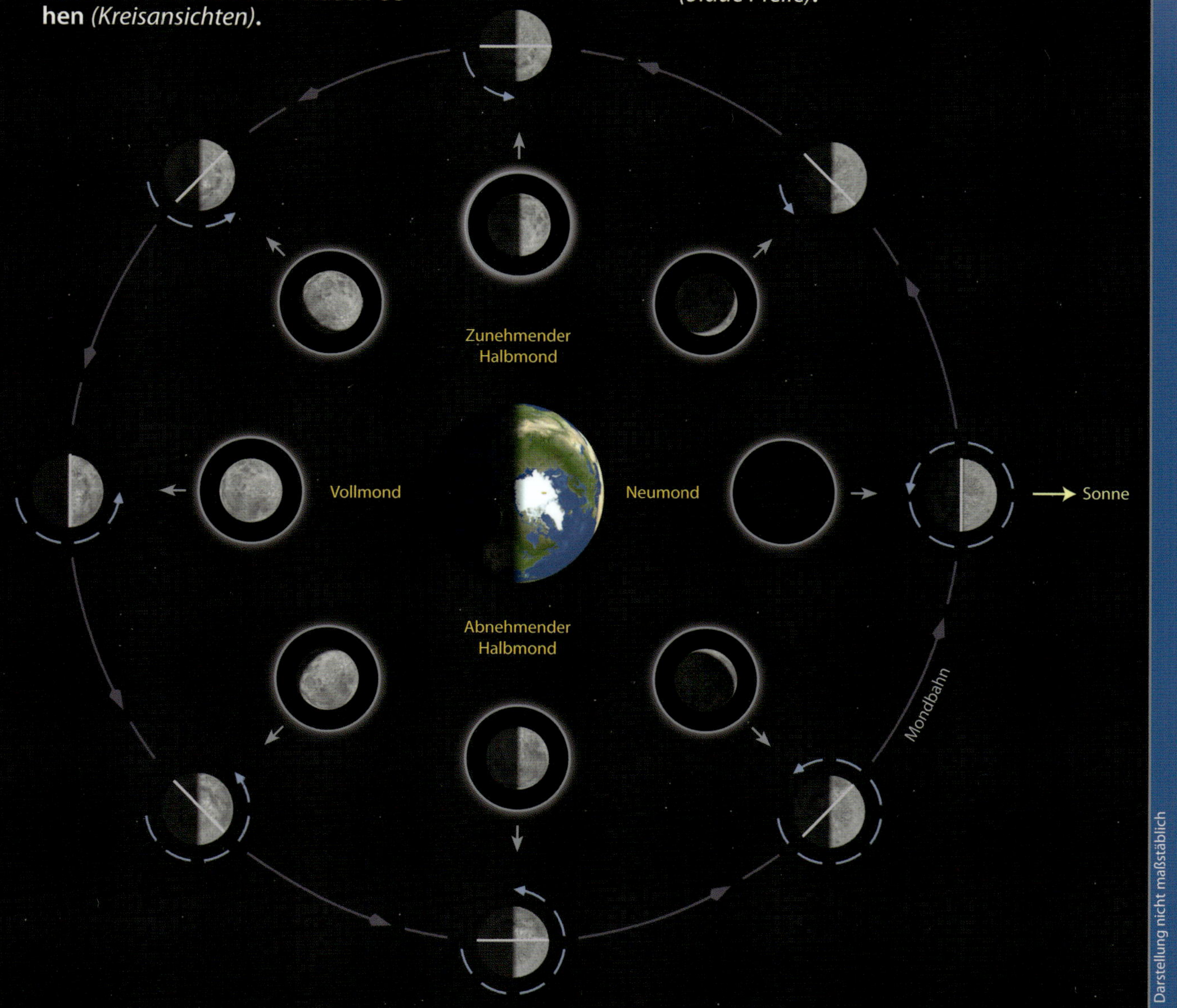

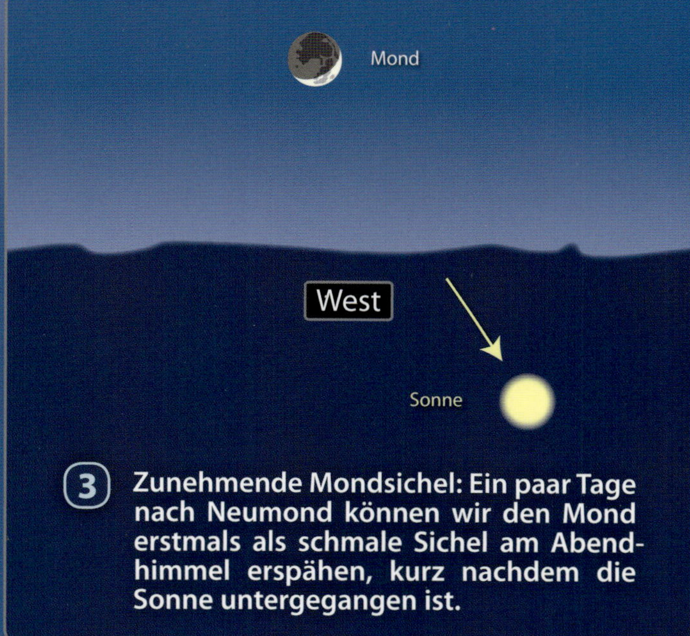

3 **Zunehmende Mondsichel: Ein paar Tage nach Neumond können wir den Mond erstmals als schmale Sichel am Abendhimmel erspähen, kurz nachdem die Sonne untergegangen ist.**

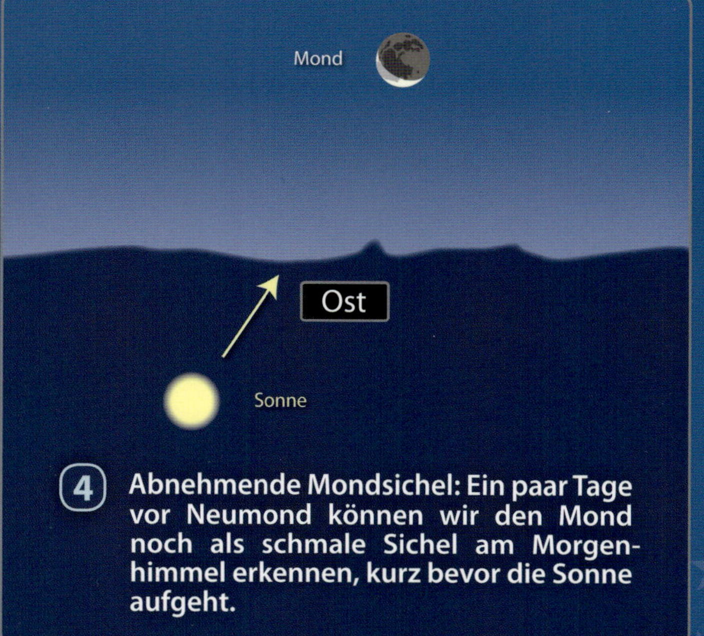

4 **Abnehmende Mondsichel: Ein paar Tage vor Neumond können wir den Mond noch als schmale Sichel am Morgenhimmel erkennen, kurz bevor die Sonne aufgeht.**

Mondfinsternisse

D

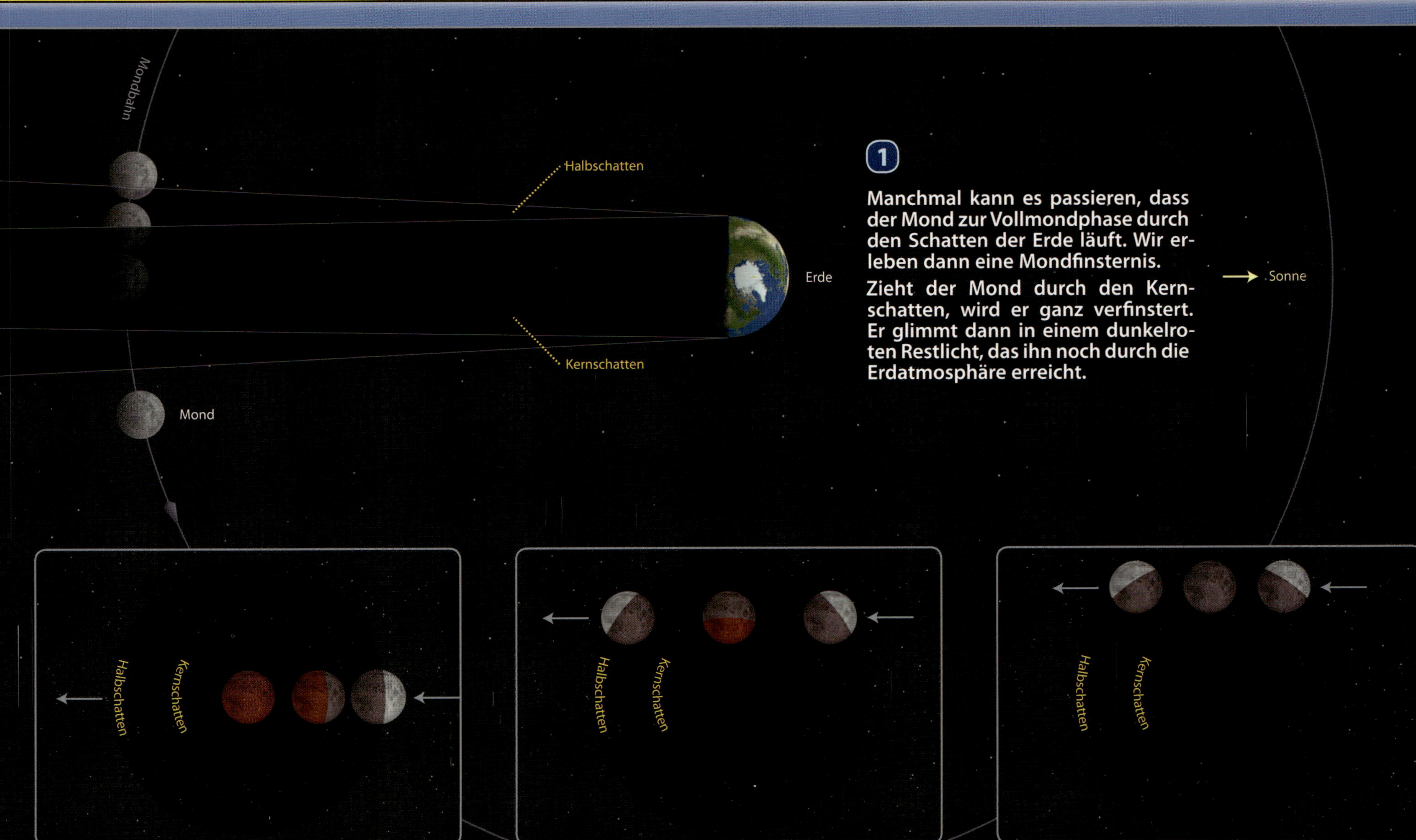

① Manchmal kann es passieren, dass der Mond zur Vollmondphase durch den Schatten der Erde läuft. Wir erleben dann eine Mondfinsternis.

Zieht der Mond durch den Kernschatten, wird er ganz verfinstert. Er glimmt dann in einem dunkelroten Restlicht, das ihn noch durch die Erdatmosphäre erreicht.

② Bei einer Totalen Mondfinsternis durchquert der Mond den Kernschatten der Erde. Eine Stunde etwa bleibt er dann ganz verfinstert.

③ Bei einer Partiellen Mondfinsternis wird nur ein Teil der Mondscheibe vom Kernschatten verdunkelt, der andere Teil bleibt im helleren Halbschatten.

④ Bei einer Halbschattenfinsternis wird der Mond lediglich vom Halbschatten der Erde getroffen. Diese Finsternisart ist jedoch nicht so auffällig.

1

Manchmal kann es passieren, dass sich der Mond zur Neumondphase von bestimmten Teilen der Erde aus gesehen vor die Sonne schiebt.

Kernschatten (dort ist die Sonne vollständig verfinstert) und Halbschatten (dort ist die Sonne nur teilweise verfinstert) des Mondes ziehen dann über die Erdoberfläche.

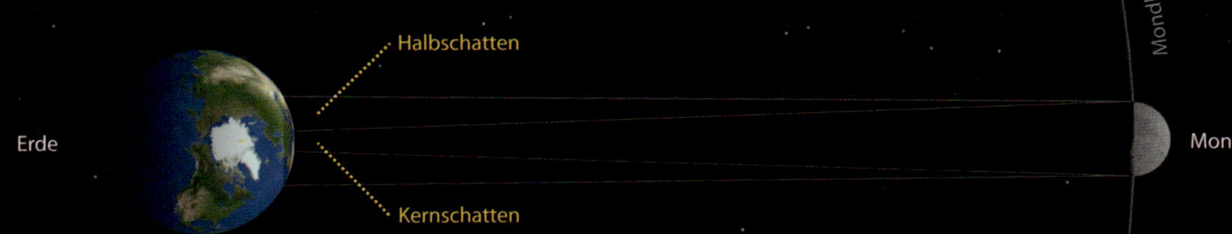

2

Bei einer Totalen Sonnenfinsternis wird die Sonnenscheibe für ein paar Minuten passgenau verdeckt. Nur während dieser Phase der Totalität ist die zarte Atmosphäre der Sonne (Korona) zu erkennen.

3

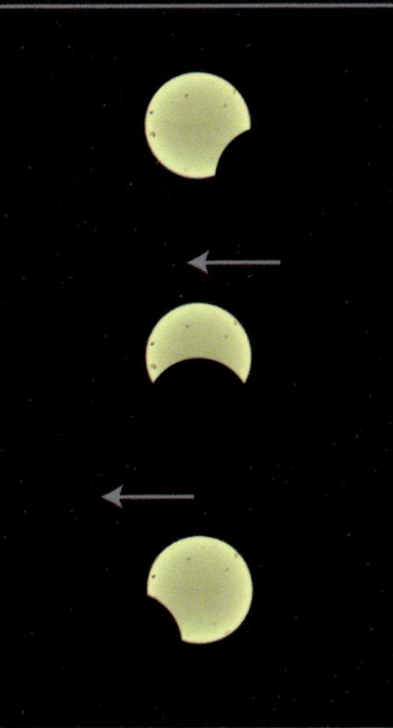

Bei einer Partiellen Sonnenfinsternis kommt es nicht zu einer vollständigen Bedeckung der Sonnenscheibe (nur der Halbschatten trifft die Erde, nicht aber der Kernschatten). Der Mond zieht etwas ober oder unterhalb der Sonnenscheibe vorbei.

4

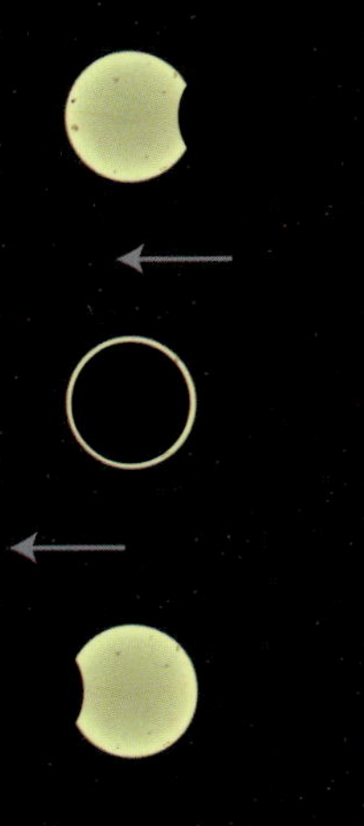

Bei einer Ringförmigen Sonnenfinsternis steht der Mond auf seiner Bahn etwas weiter weg. Er erscheint daher kleiner am Himmel und kann die Sonnenscheibe nicht ganz abdecken – ein heller Sonnenring bleibt übrig.

Darstellung nicht maßstäblich

Ekliptik und Tierkreissternbilder F

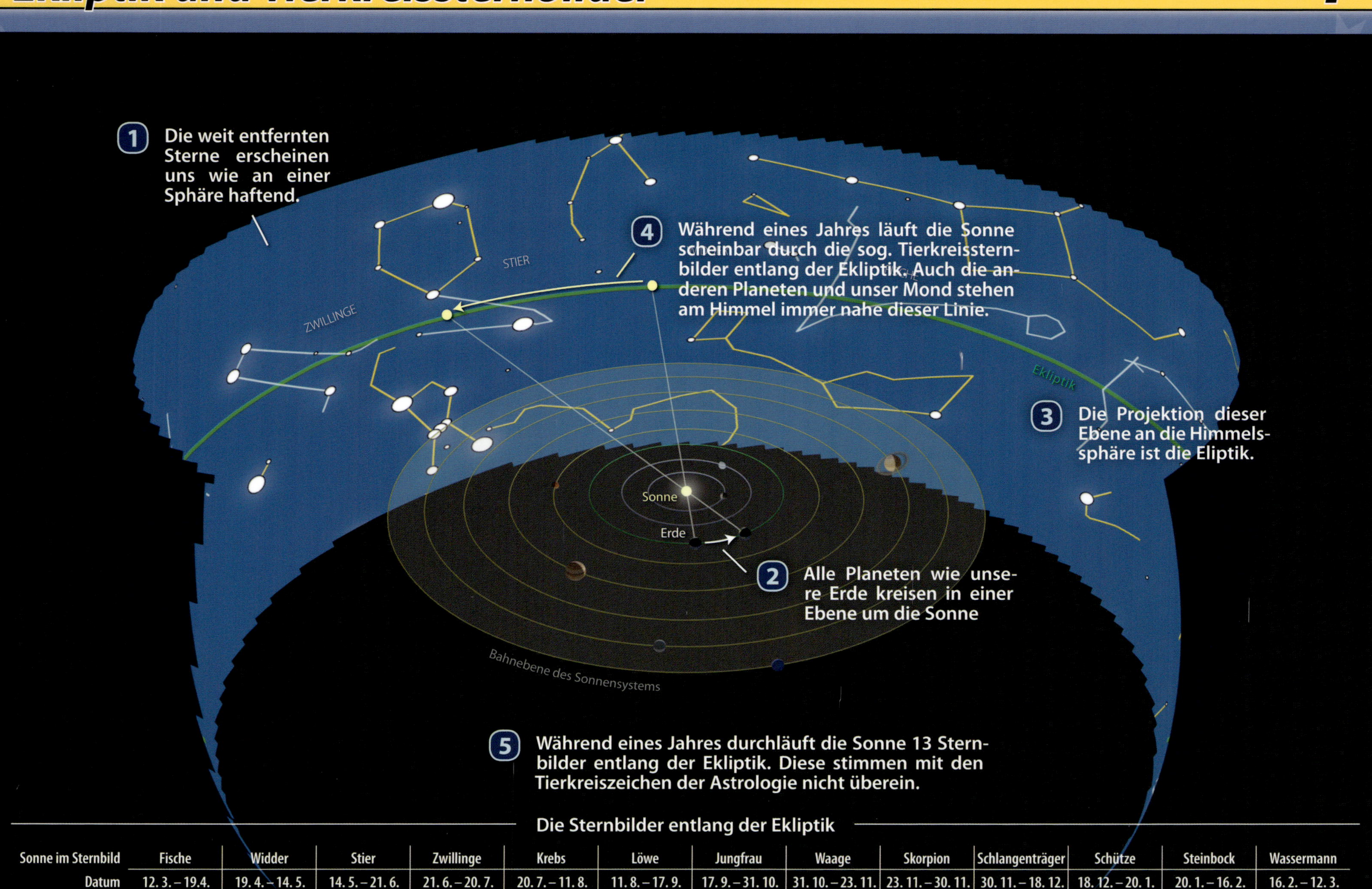

Die Sternbilder entlang der Ekliptik

Sonne im Sternbild	Fische	Widder	Stier	Zwillinge	Krebs	Löwe	Jungfrau	Waage	Skorpion	Schlangenträger	Schütze	Steinbock	Wassermann
Datum	12. 3. – 19. 4.	19. 4. – 14. 5.	14. 5. – 21. 6.	21. 6. – 20. 7.	20. 7. – 11. 8.	11. 8. – 17. 9.	17. 9. – 31. 10.	31. 10. – 23. 11.	23. 11. – 30. 11.	30. 11. – 18. 12.	18. 12. – 20. 1.	20. 1. – 16. 2.	16. 2. – 12. 3.

Planetenstellungen

G

1 Unser Sonnensystem besteht aus acht Planeten. Die Erde ist von der Sonne aus gesehen der Dritte.

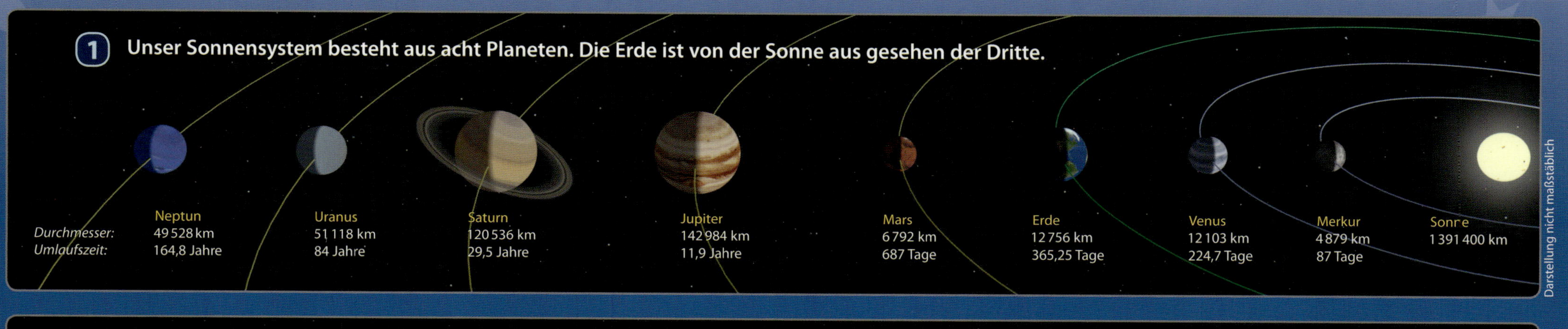

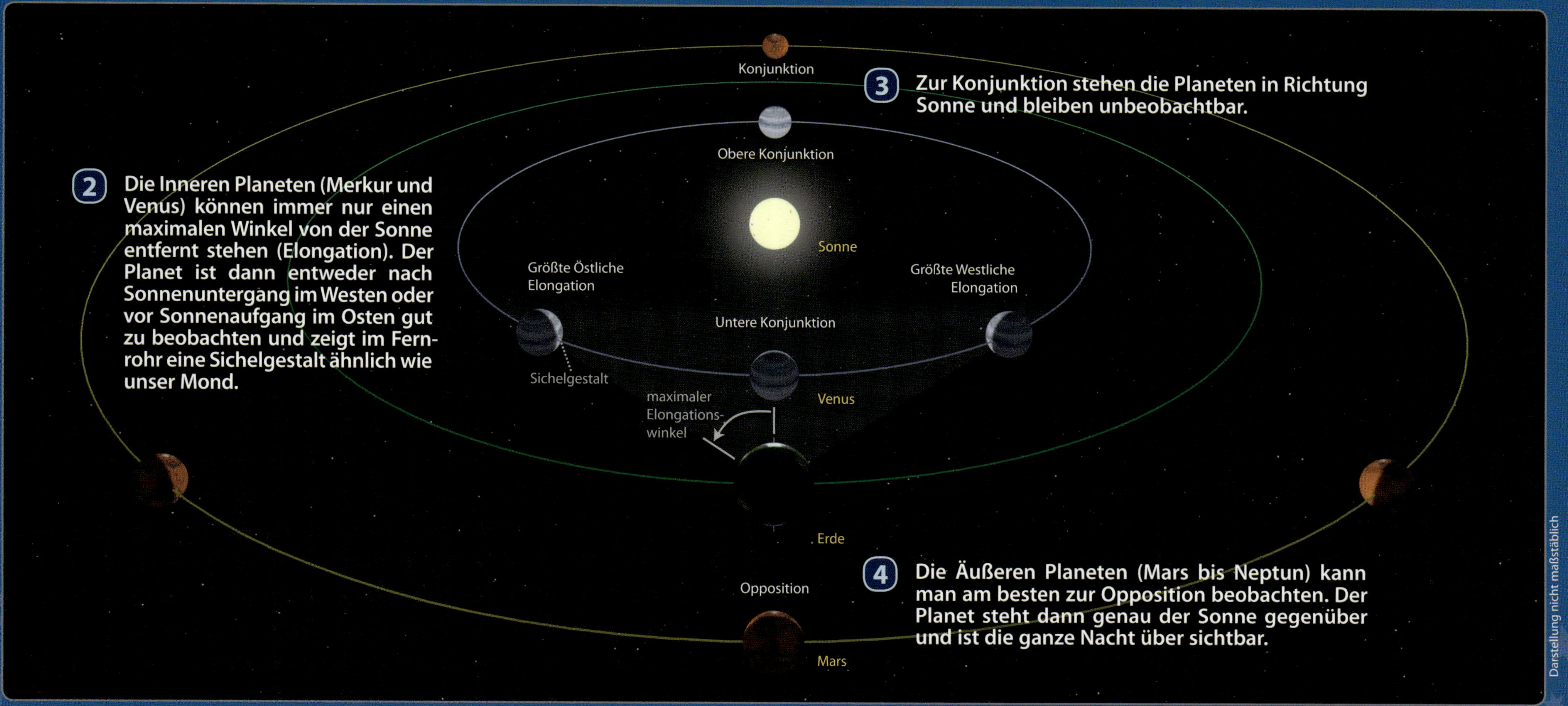

2 Die Inneren Planeten (Merkur und Venus) können immer nur einen maximalen Winkel von der Sonne entfernt stehen (Elongation). Der Planet ist dann entweder nach Sonnenuntergang im Westen oder vor Sonnenaufgang im Osten gut zu beobachten und zeigt im Fernrohr eine Sichelgestalt ähnlich wie unser Mond.

3 Zur Konjunktion stehen die Planeten in Richtung Sonne und bleiben unbeobachtbar.

4 Die Äußeren Planeten (Mars bis Neptun) kann man am besten zur Opposition beobachten. Der Planet steht dann genau der Sonne gegenüber und ist die ganze Nacht über sichtbar.

Erdrotation und Himmelspol H

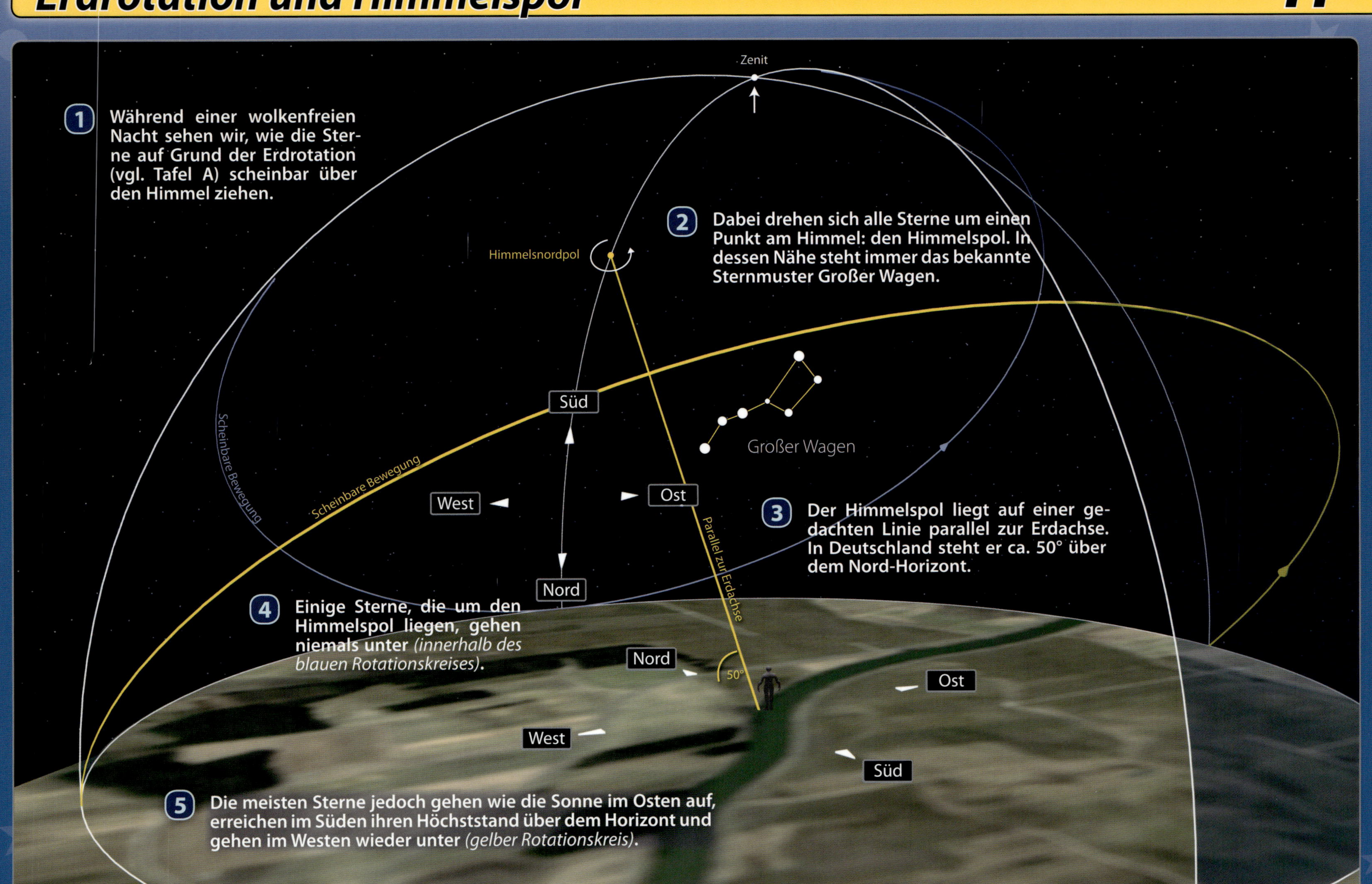

1 Während einer wolkenfreien Nacht sehen wir, wie die Sterne auf Grund der Erdrotation (vgl. Tafel A) scheinbar über den Himmel ziehen.

2 Dabei drehen sich alle Sterne um einen Punkt am Himmel: den Himmelspol. In dessen Nähe steht immer das bekannte Sternmuster Großer Wagen.

3 Der Himmelspol liegt auf einer gedachten Linie parallel zur Erdachse. In Deutschland steht er ca. 50° über dem Nord-Horizont.

4 Einige Sterne, die um den Himmelspol liegen, gehen niemals unter (innerhalb des blauen Rotationskreises).

5 Die meisten Sterne jedoch gehen wie die Sonne im Osten auf, erreichen im Süden ihren Höchststand über dem Horizont und gehen im Westen wieder unter (gelber Rotationskreis).

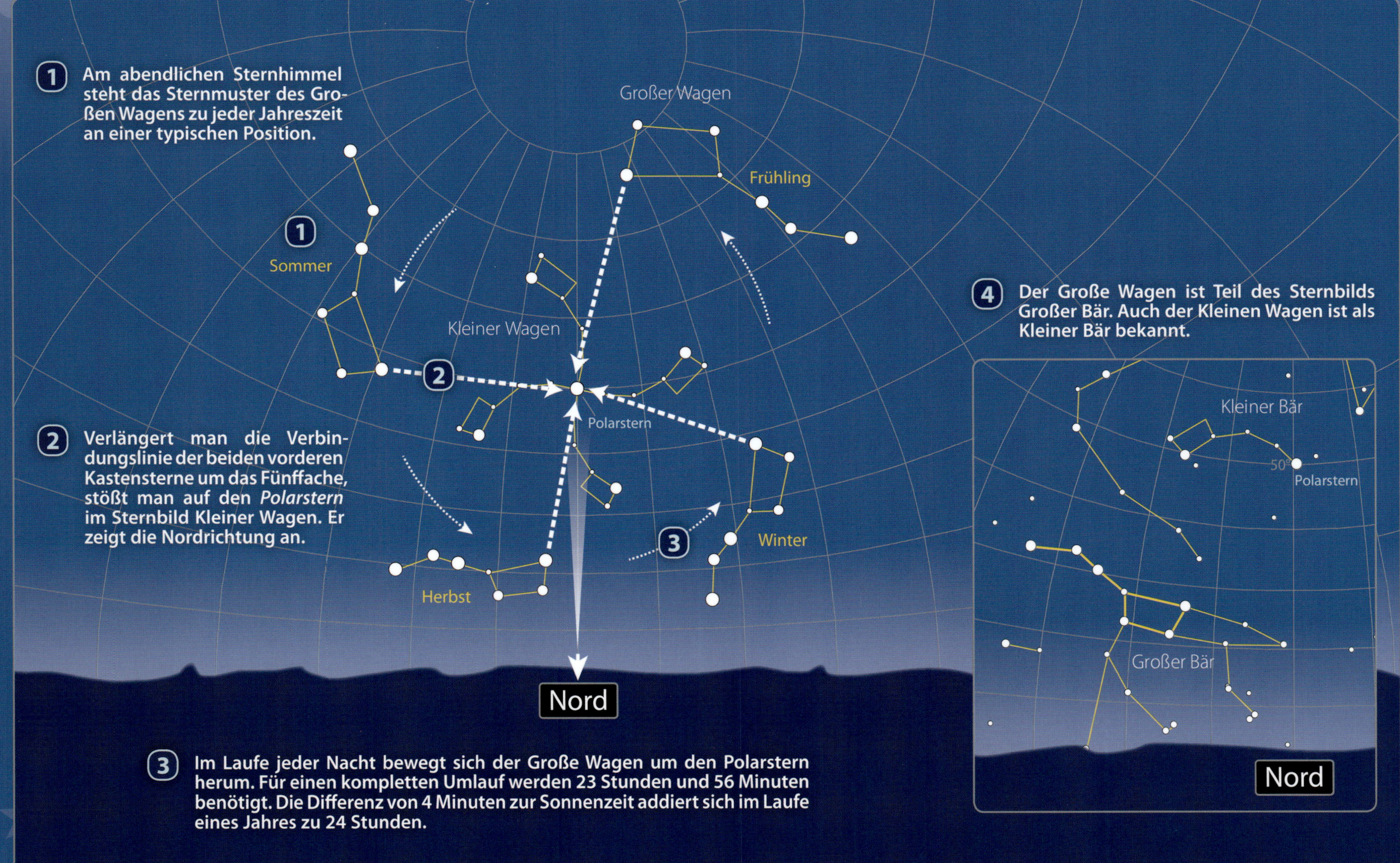

1 Am abendlichen Sternhimmel steht das Sternmuster des Großen Wagens zu jeder Jahreszeit an einer typischen Position.
1
Sommer
Großer Wagen
Frühling
Kleiner Wagen
2
2 Verlängert man die Verbindungslinie der beiden vorderen Kastensterne um das Fünffache, stößt man auf den Polarstern im Sternbild Kleiner Wagen. Er zeigt die Nordrichtung an.
Polarstern
3
Herbst
Winter
Nord
3 Im Laufe jeder Nacht bewegt sich der Große Wagen um den Polarstern herum. Für einen kompletten Umlauf werden 23 Stunden und 56 Minuten benötigt. Die Differenz von 4 Minuten zur Sonnenzeit addiert sich im Laufe eines Jahres zu 24 Stunden.
4 Der Große Wagen ist Teil des Sternbilds Großer Bär. Auch der Kleinen Wagen ist als Kleiner Bär bekannt.
Kleiner Bär
50°
Polarstern
Großer Bär
Nord

Der Frühlings-Sternhimmel

(1) Der Große Wagen

Nahe des Zenits, also direkt überkopf, befindet sich das einprägsame Sternmuster des Großen Wagens. Verlängert man die Verbindungslinie der beiden vorderen Kastensterne um das Fünffache, stößt man auf den Polarstern, der die Nordrichtung angibt.

(2) Arktur und der Bärenhüter

Verlängert man die gekrümmte Deichsel des Großen Wagens und folgt dieser Krümmung in Richtung Horizont, stößt man auf Arktur, den Hauptstern des Bärenhüters. Das Sternbild selbst gleicht einer Eistüte mit Arktur an der Spitze.

(3) Spika und die Jungfrau

Folgt man weiter der Krümmung der Deichsel jenseits von Arktur, gelangt man nach der gleichen Entfernung in Richtung Horizont zum Stern Spika, dem Hauptstern der Jungfrau. Dieses recht komplexe Sternbild besteht aus vier Ketten schwacher Sterne, die von Spika nordwestlich und nordöstlich ausgehen.

(4) Regulus und der Löwe

Verlängert man die Verbindungslinie der beiden hinteren Kastensterne des Großen Wagens um etwa das Zehnfache nach Süden, stößt man auf Regulus, den Hauptstern des Löwen. Dieses Tier kann man sich sitzend vorstellen. Der Kopf mit Mähne oberhalb von Regulus weist nach Westen.

(5) Das Frühlingsdreieck

Die drei hellen Sterne Arktur, Regulus und Spika bilden das Frühlingsdreieck, dessen Spitze bei Regulus nach Westen weist.

① Der Große Wagen

Fast Im Zenit, etwas Richtung Nordwesten versetzt, befindet sich das einprägsame Sternmuster des Großen Wagens. Verlängert man die Verbindungslinie der beiden vorderen Kastensterne um das Fünffache, stößt man auf den Polarstern, der die Nordrichtung angibt.

② Wega und die Leier

Zieht man vom Polarstern aus Richtung Südosten über den Himmel, stößt man nahe des Zenits auf Wega, den Hauptstern der Leier. Dieses Sternbild ist relativ klein, aber dennoch durch seine markante Rautenform einfach zu erkennen.

③ Deneb und der Schwan

Macht man einen Sprung links von der Leier, ist man schnell beim sog. Kreuz des Nordens. So nennt man das Sternbild Schwan. Sein Hauptstern ist Deneb, der den Schwanz dieses Tieres darstellt. Hals und Flügel kann man sich leicht durch die Sternketten vorstellen.

④ Atair und der Adler

Von Wega aus, durch die Raute in Richtung Horizont, gelangt man zu Atair, dem Hauptstern des Adlers. Dessen große Flügel werden durch ein Trapez aus schwächeren Sternen gebildet. Es sieht aus, als ob der Adler Richtung Osten flöge (im Gegensatz zum Schwan, der Richtung Westen zieht).

⑤ Das Sommerdreieck

Die drei hellen Sterne Wega, Deneb und Atair bilden das Sommerdreieck, dessen Spitze zum Süd-Horizont deutet.

Der Herbst-Sternhimmel

① Der Große Wagen

Nahe des Horizonts Richtung Norden befindet sich das einprägsame Sternmuster des Großen Wagens. Verlängert man die Verbindungslinie der beiden vorderen Kastensterne um das Fünffache, stößt man auf den Polarstern, der die Nordrichtung angibt.

② Kassiopeia, das Himmels-W

Folgt man dem Verbindungsweg Großer Wagen/Polarstern weiter, kommt man in etwa der gleichen Entfernung zum Sternbild Kassiopeia. Es wird auch Himmels-W genannt und steht dem Großen Wagen gegenüber. Die mittlere Spitze dieses Buchstabens „W" zeigt wiederrum Richtung Polarstern.

③ Das Herbstviereck

Von den mittleren Sternen des Himmels-W aus, Richtung Süden über den Zenit gehend, trifft man auf das Herbstviereck. Es besteht aus vier fast gleich hellen Sternen und ist Teil des Sternbild Pegasus.

④ Andromeda und Perseus

An der linken oberen Ecke des Herbstvierecks schließt das Sternbild Andromeda an. Es wird aus drei nahzu gleichhellen Sternen geformt. Verlängert man die Verbindungslinie der Sterne der Andromeda vom Herbstviereck weg, kommt man unmittelbar zum Sternbild Perseus. Dessen Sterne bilden einen Bogen, der nach unten zum Horizont zeigt.

⑤ Die Plejaden

Knapp unterhalb des letzten Sterns des Bogens des Perseus stehen die Plejaden, ein auffälliges Häufchen von 6–7 Sternen.

① Der Große Wagen

Zwischen Horizont und Zenit, auf „halber Höhe" Richtung Nordosten, befindet sich das einprägsame Sternmuster des Großen Wagens. Verlängert man die Verbindungslinie der beiden vorderen Kastensterne um das Fünffache, stößt man auf den Polarstern, der die Nordrichtung angibt.

② Rigel und Beteigeuze im Orion

Zieht man entlang der unteren beiden Kastensterne nach Süden über den Himmel, trifft man auf das Sternbild Orion. Es sieht aus wie ein verkrümmtes „H", mit drei Sternen in der Mitte. Beteigeuze ist der Stern links oben, Rigel steht rechts unten.

③ Aldebaran und der Stier

Schwenkt man von den drei Gürtelsternen des Orion Richtung Nord-Westen, trifft man auf den rötlichen Hauptstern des Sternbilds Stier, Aldebaran. Um ihn gruppieren sich weitere schwächere Sterne. Das Sternbild Stier gleicht einer leicht nach Osten hin geöffneten Klappe.

④ Sirius und der Große Hund

Schwenkt man von den drei Gürtelsternen des Orion Richtung Süd-Osten, gelangt man zu Sirius. Er ist der hellste Stern am Himmel und Hauptstern des Sternbilds Großer Hund.

⑤ Das Wintersechseck

Nach Aldebaran, Rigel und Sirius, folgen weiter gegen den Uhrzeigersinn die Sterne Prokyon, Pollux und Kapella, die zusammen das Wintersechseck ergeben. In der Mitte davon steht Beteigeuze.

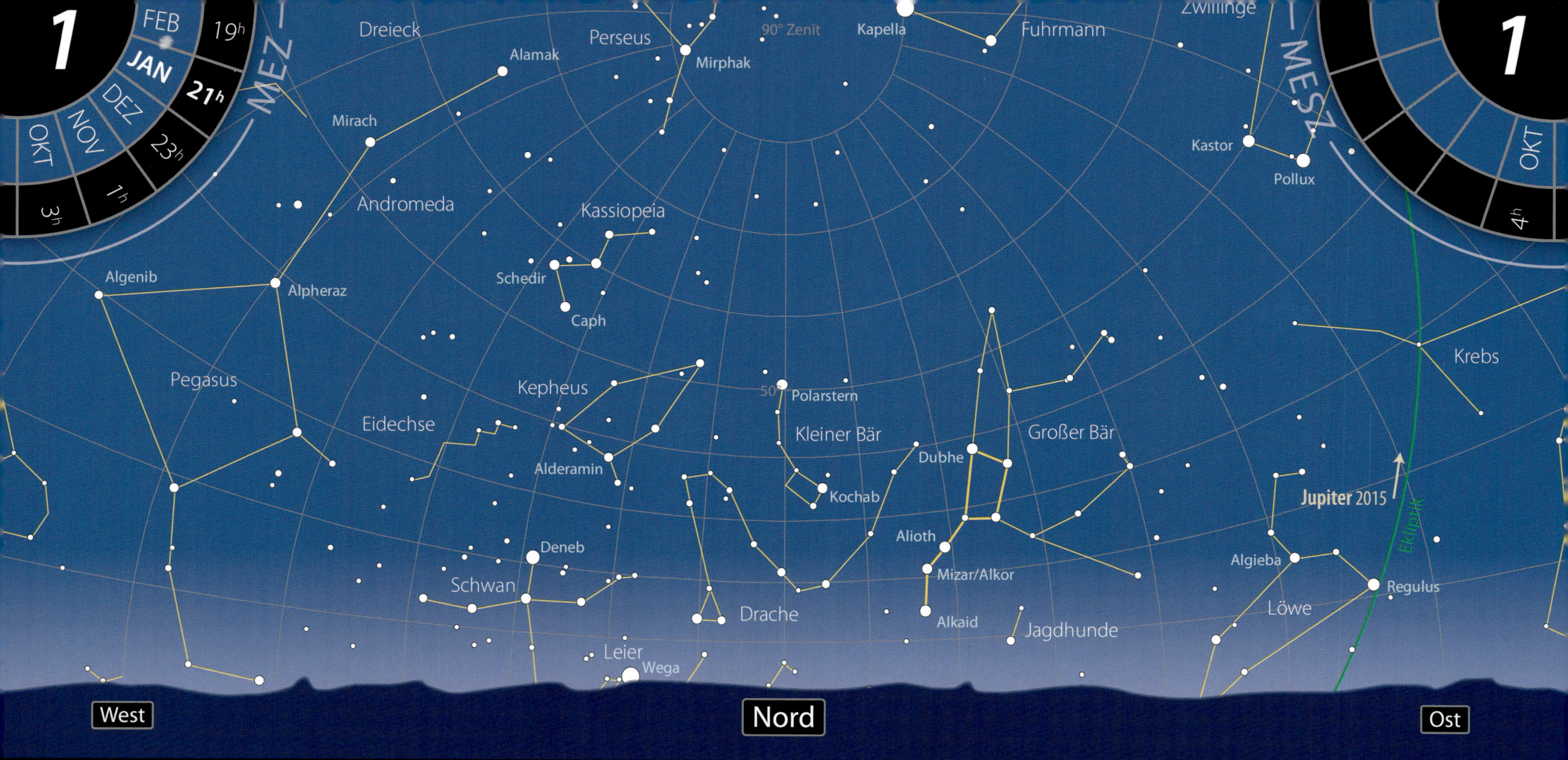

1

Sterne, Mond und Planeten im Januar

Sterne, Mond und Planeten im Januar

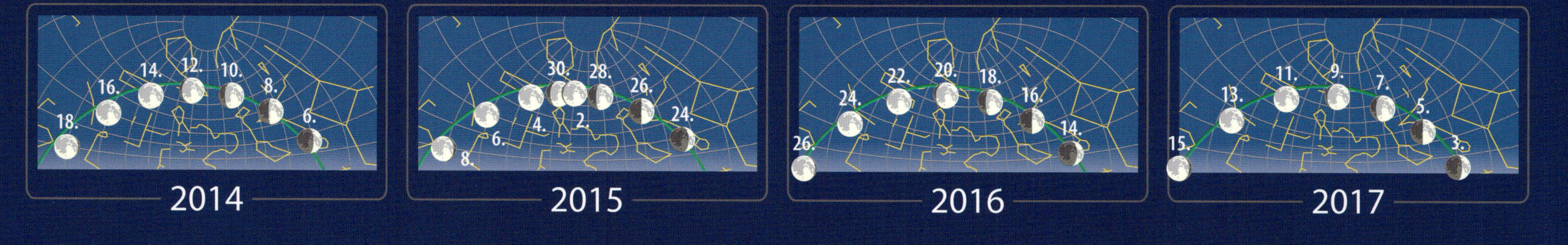

Sterne, Mond und Planeten im Februar

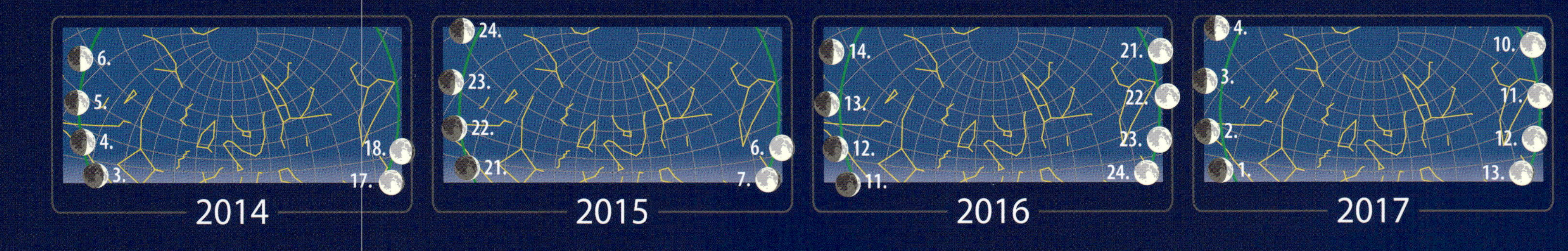

Sterne, Mond und Planeten im Februar

Sterne, Mond und Planeten im März

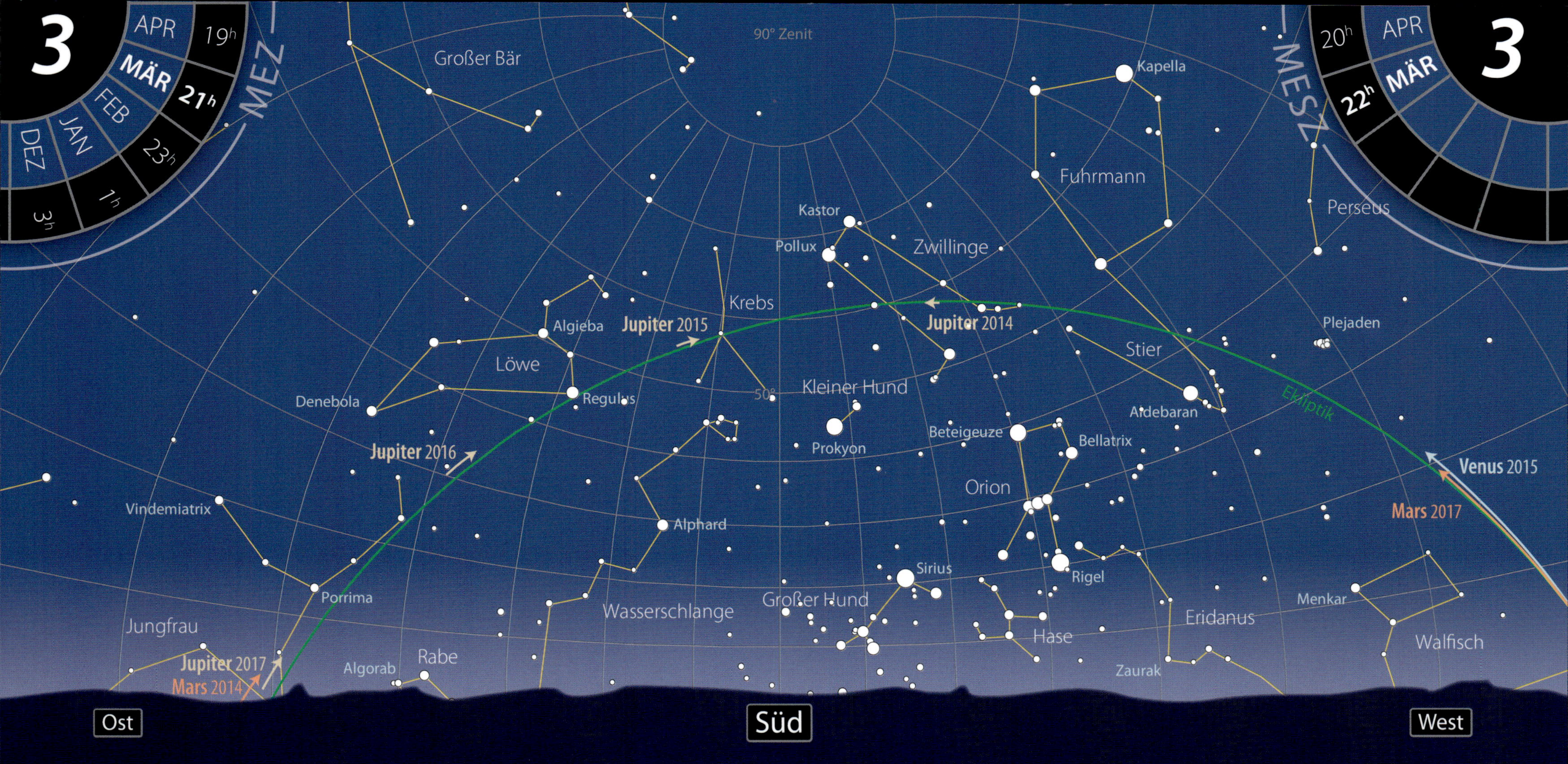

Sterne, Mond und Planeten im März

Sterne, Mond und Planeten im April

2014

2015

2016

2017

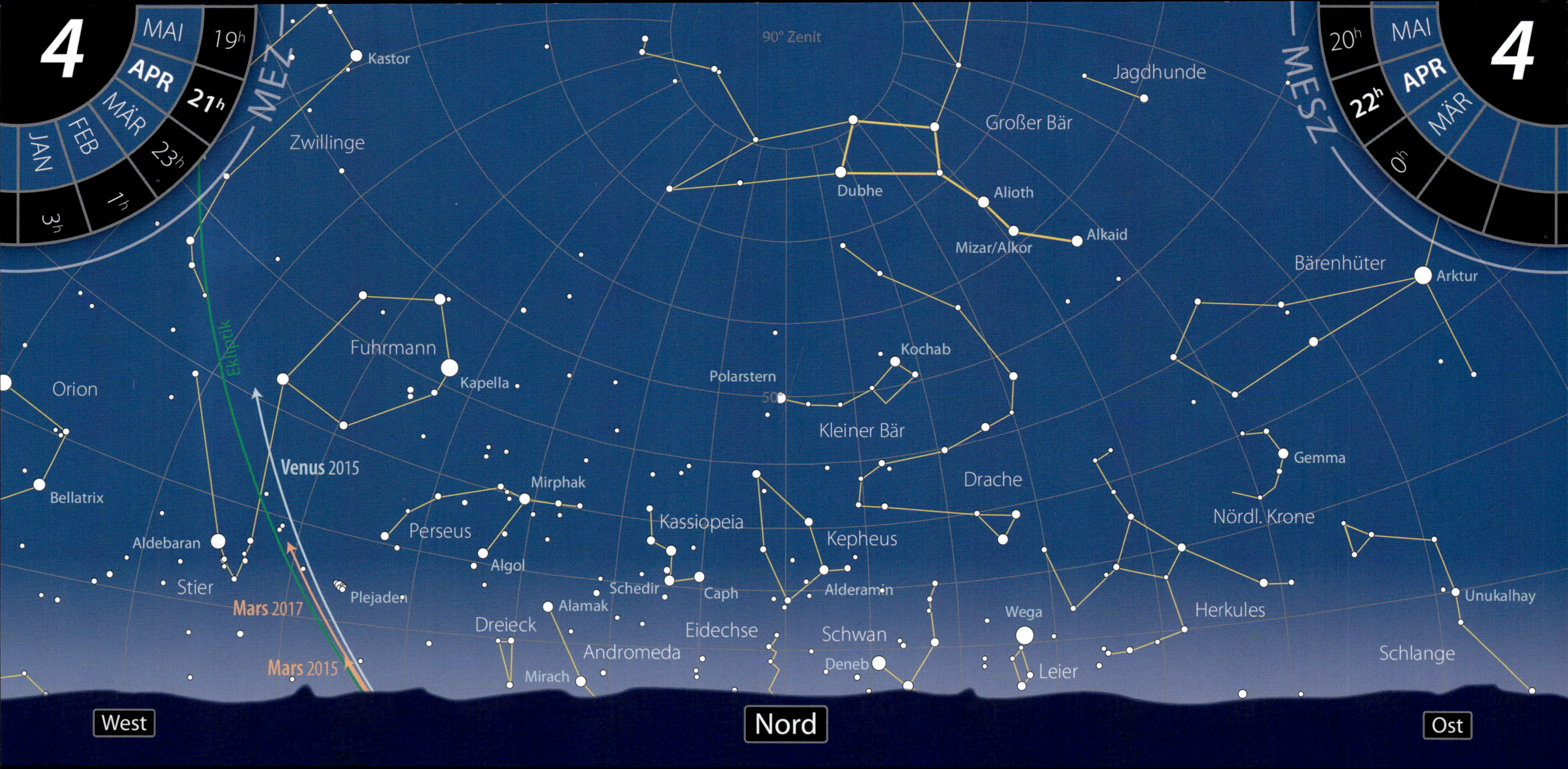

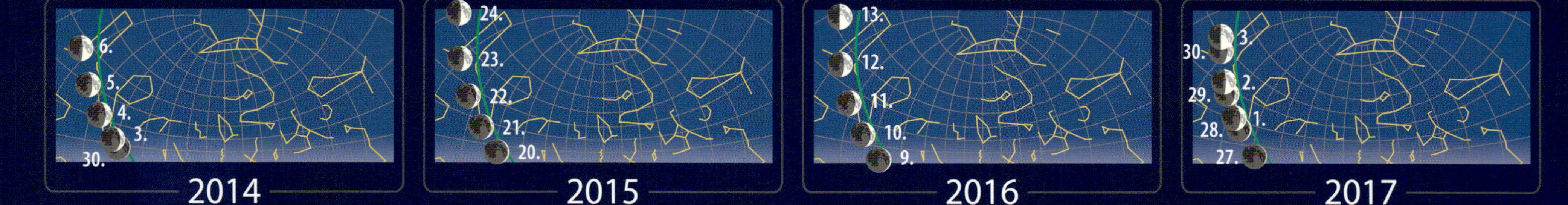

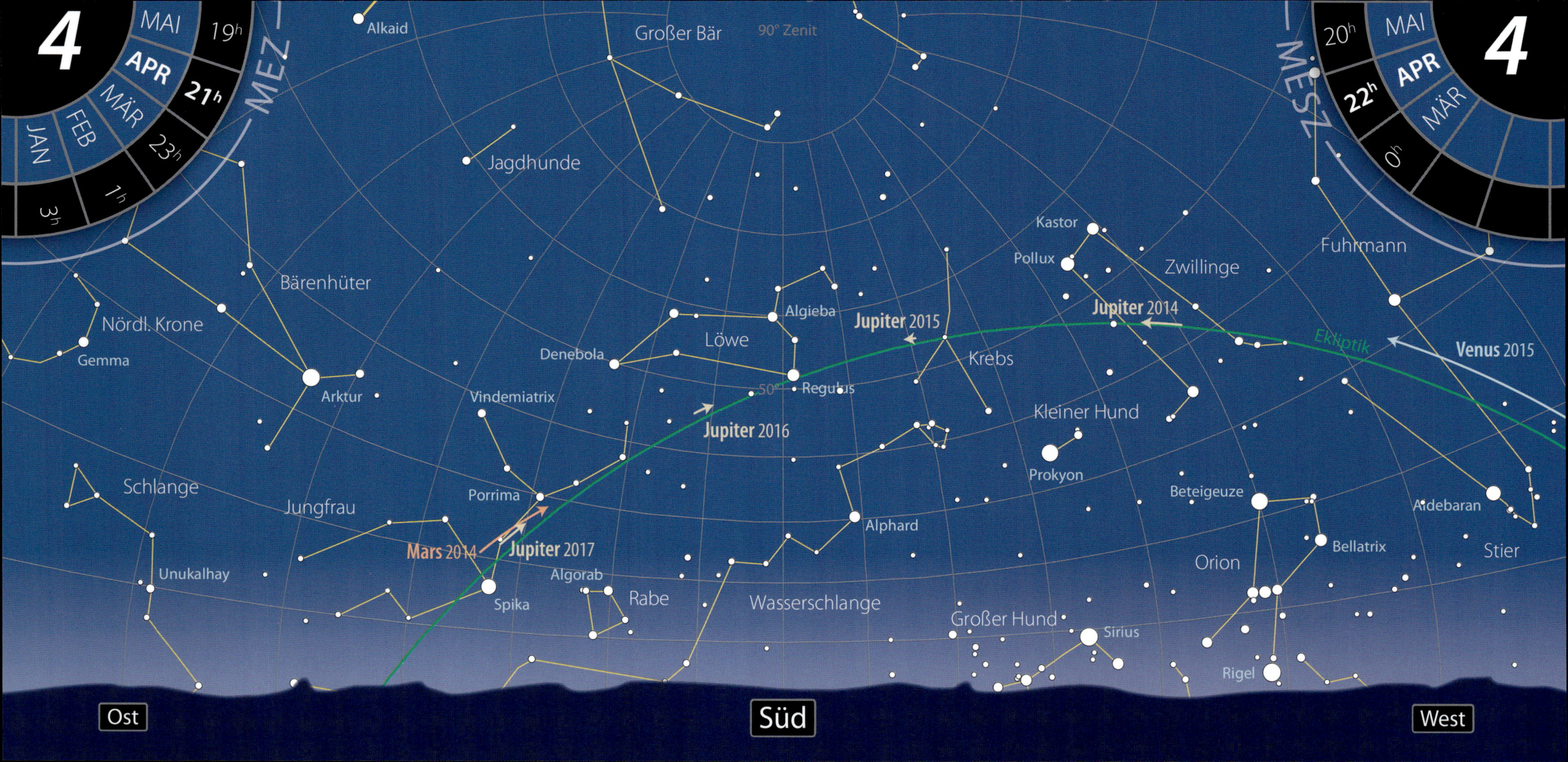

Sterne, Mond und Planeten im April

2014

2015

2016

2017

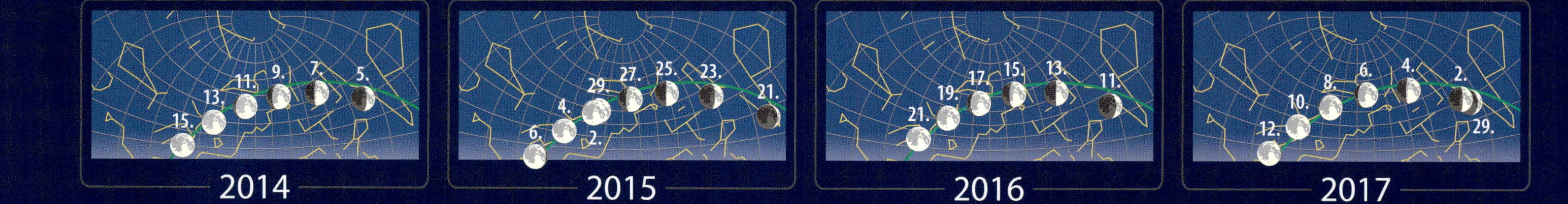

Sterne, Mond und Planeten im Mai

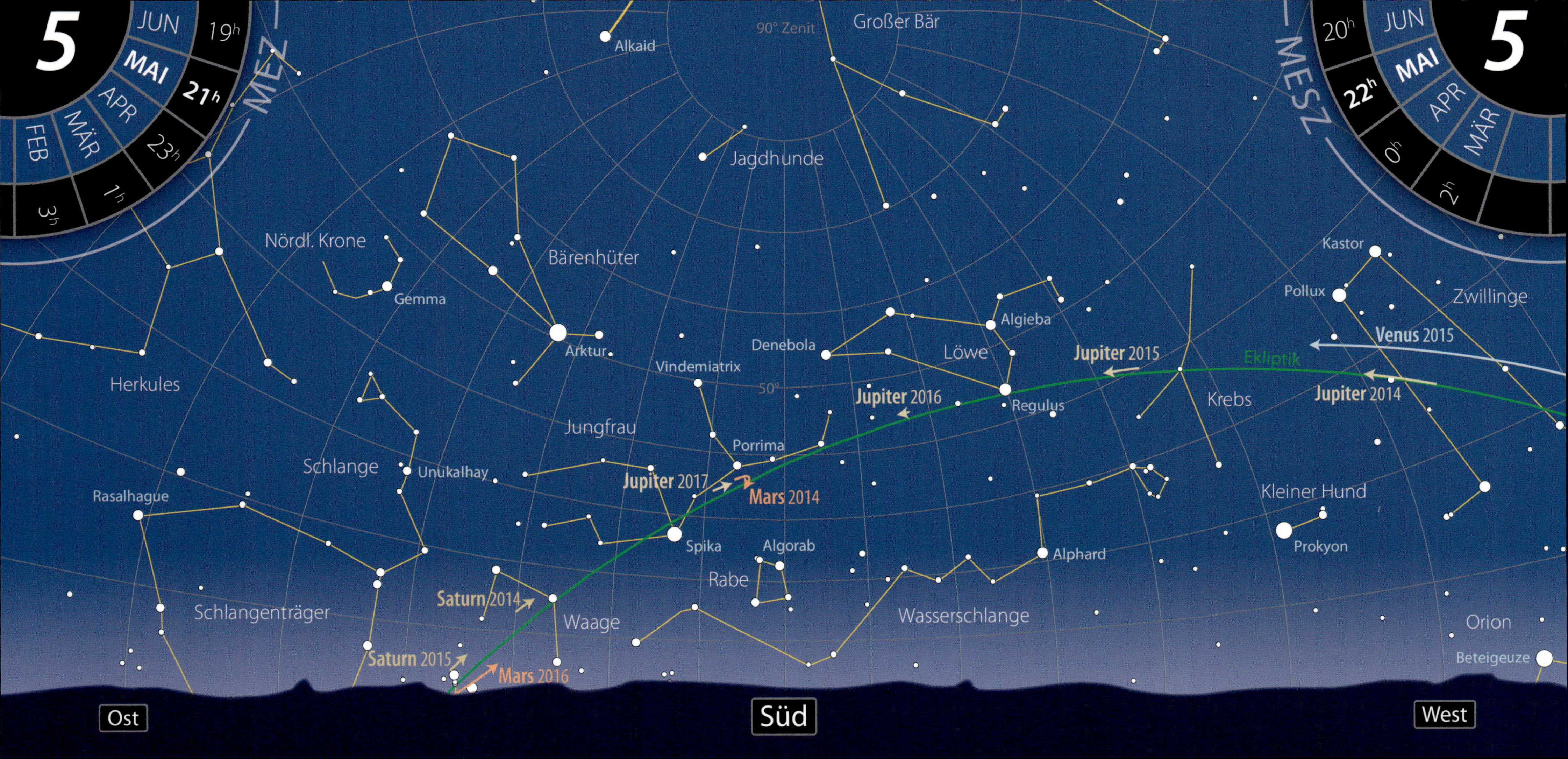

Sterne, Mond und Planeten im Mai

2014

2015

2016

2017

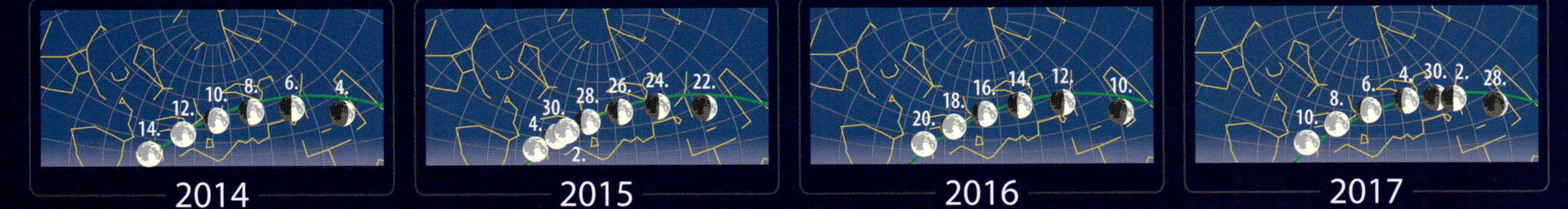

Sterne, Mond und Planeten im Juni

2014

2015

2016

2017

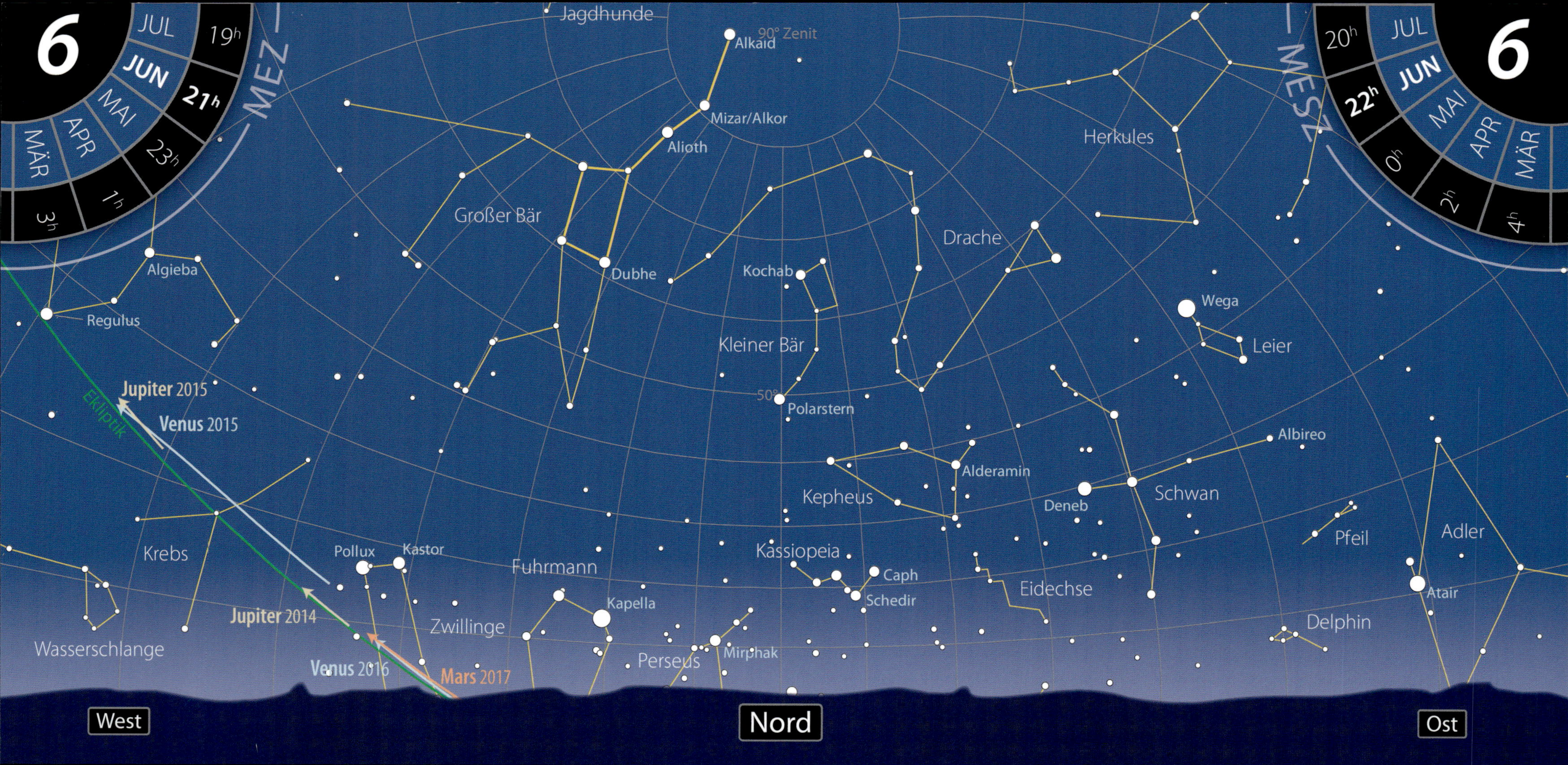

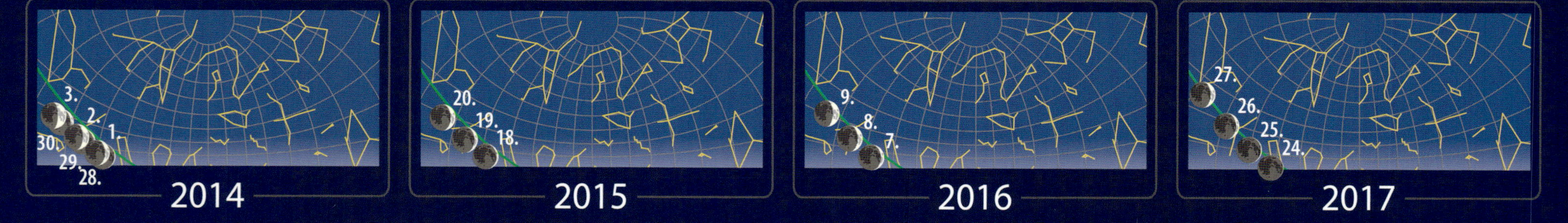

Sterne, Mond und Planeten im Juni

2014

2015

2016

2017

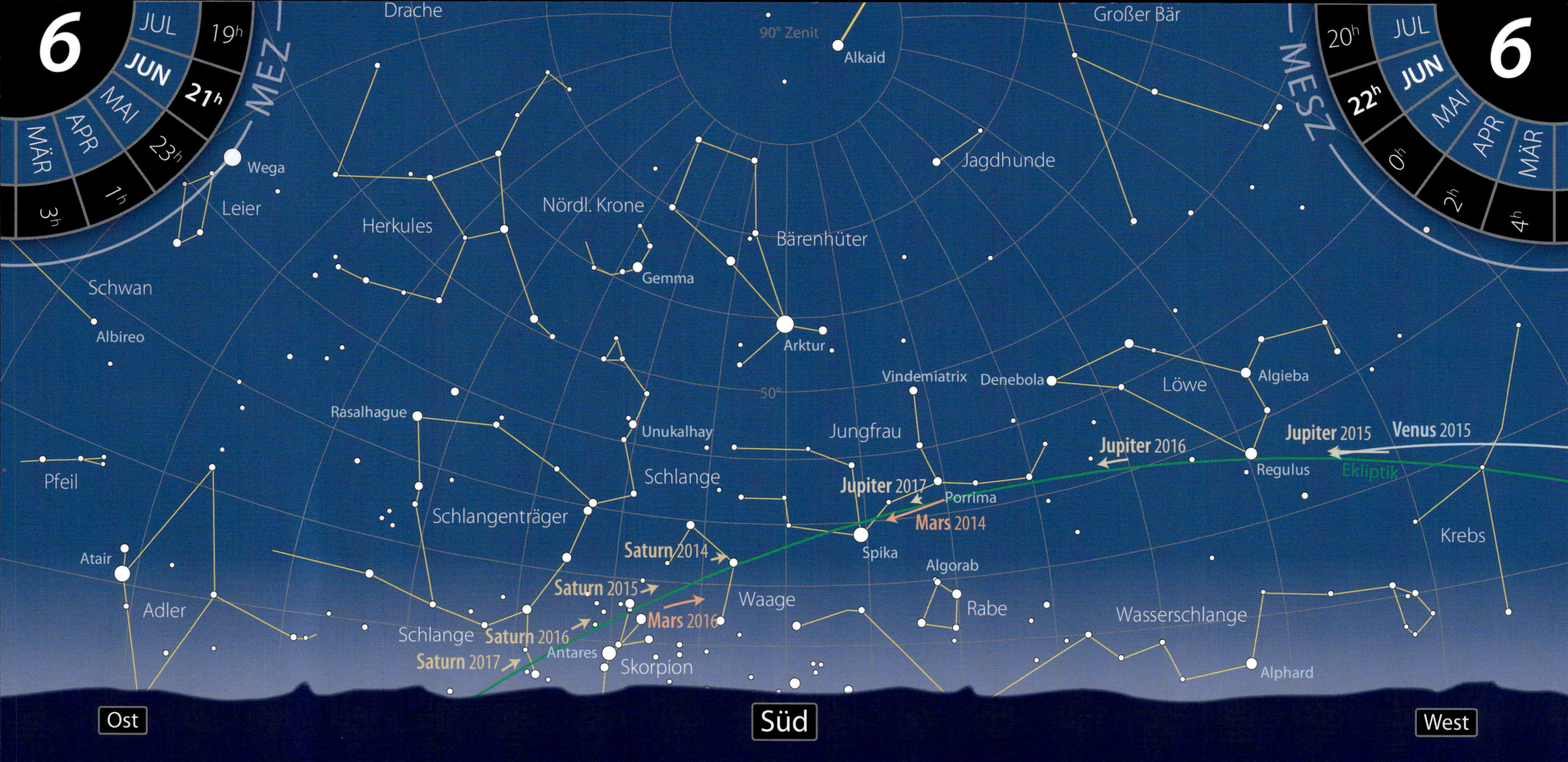

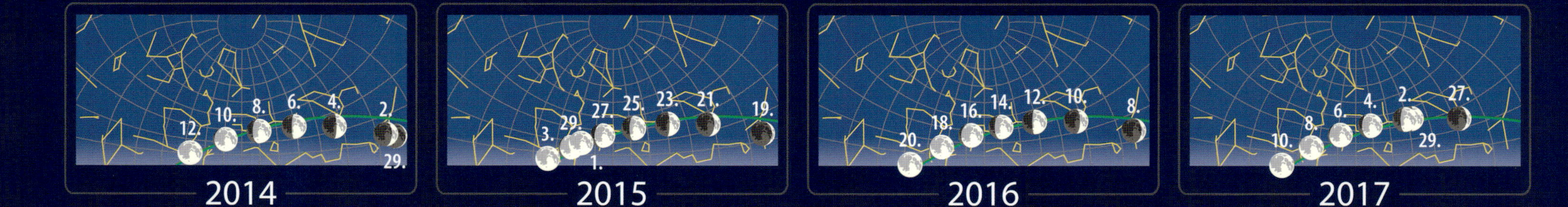

Sterne, Mond und Planeten im Juli

2014

2015

2016

2017

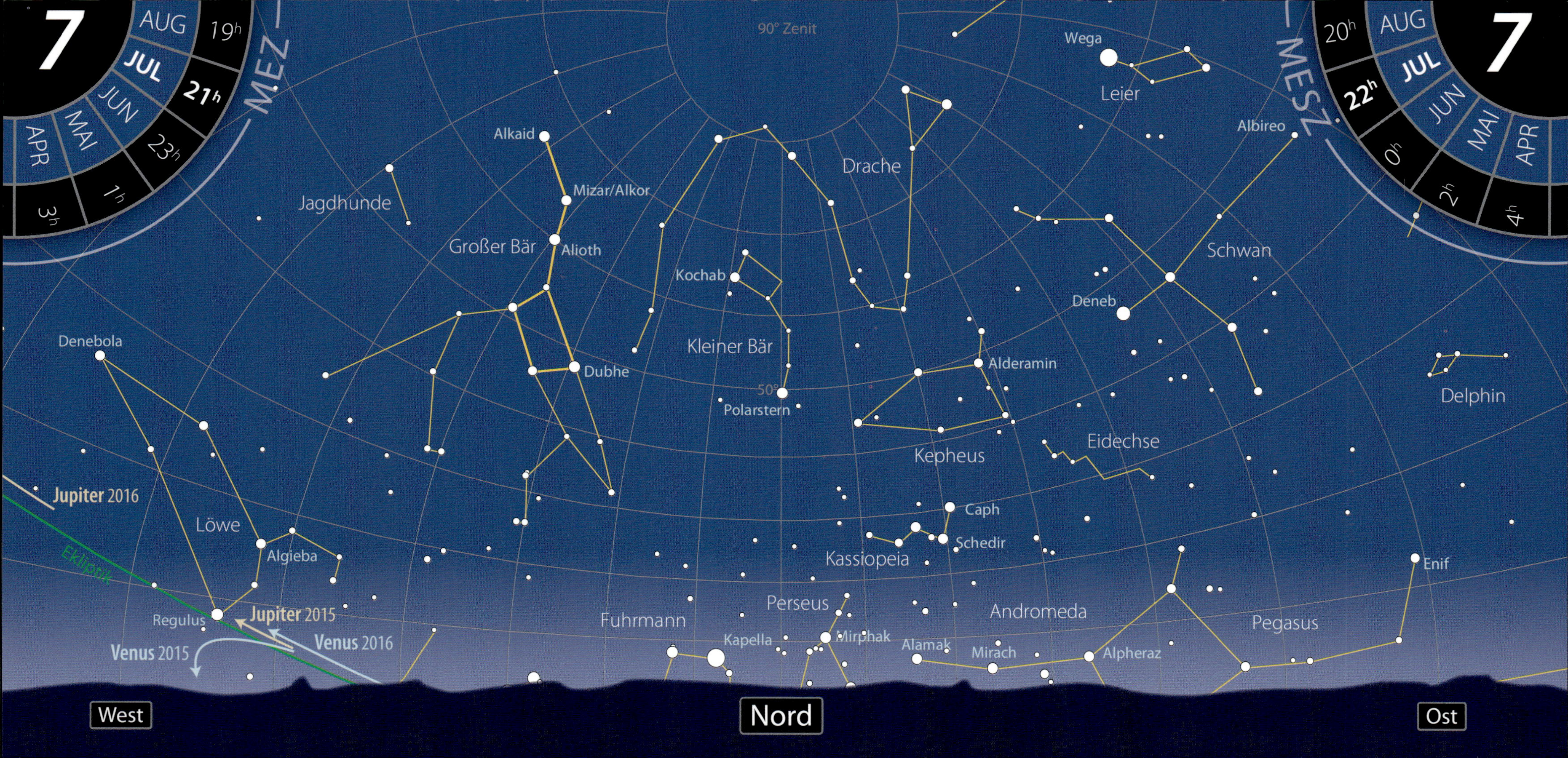

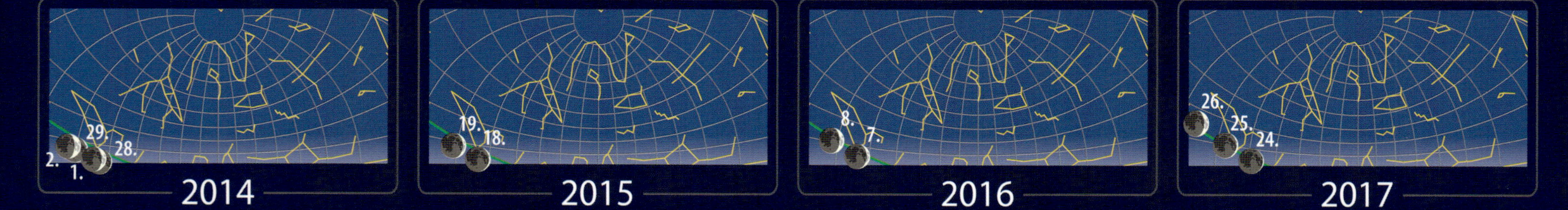

Sterne, Mond und Planeten im Juli

2014

2015

2016

2017

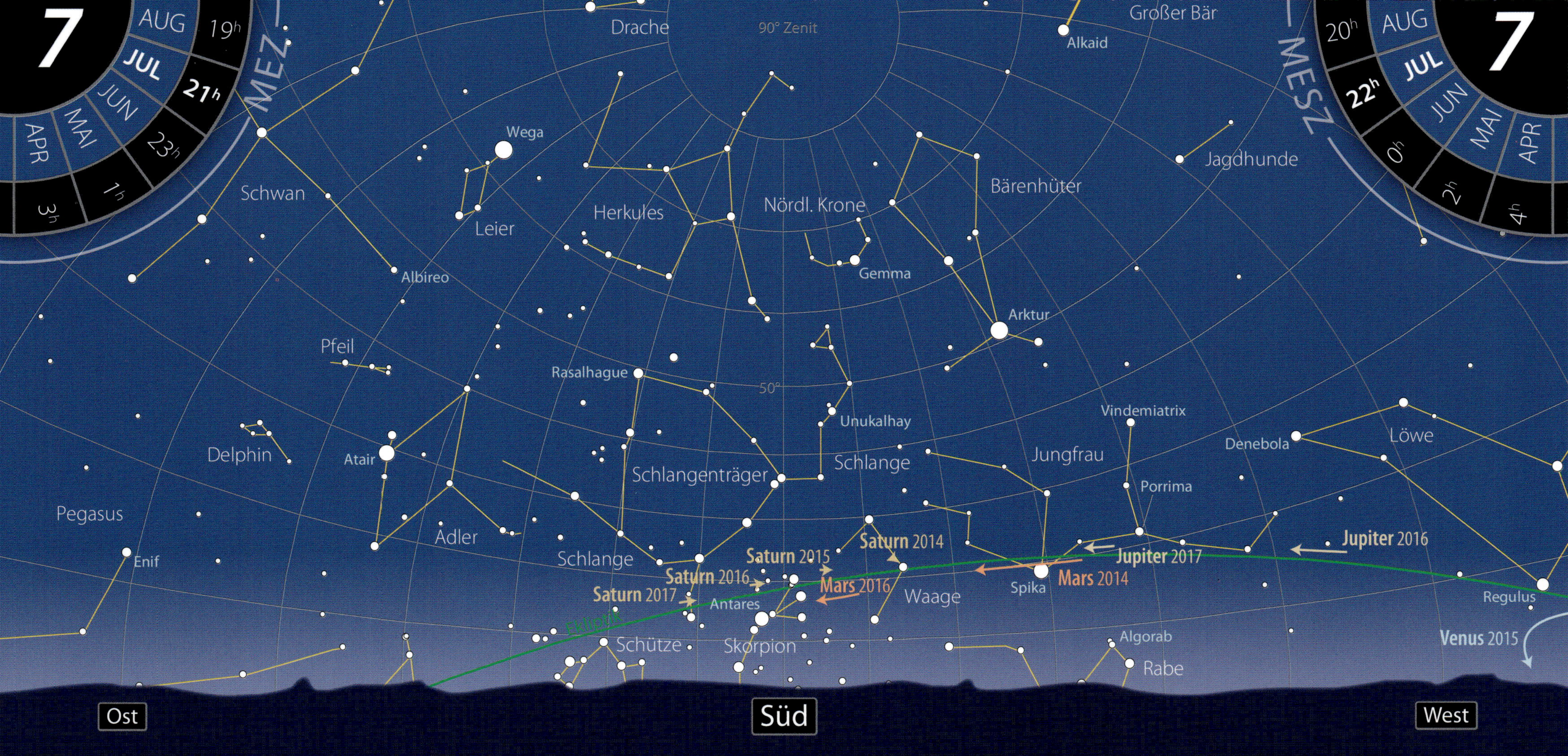

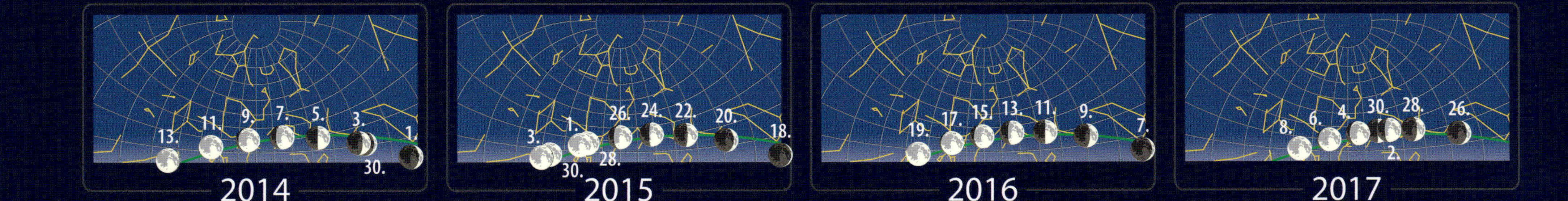

Sterne, Mond und Planeten im August

2014

2015

2016

2017

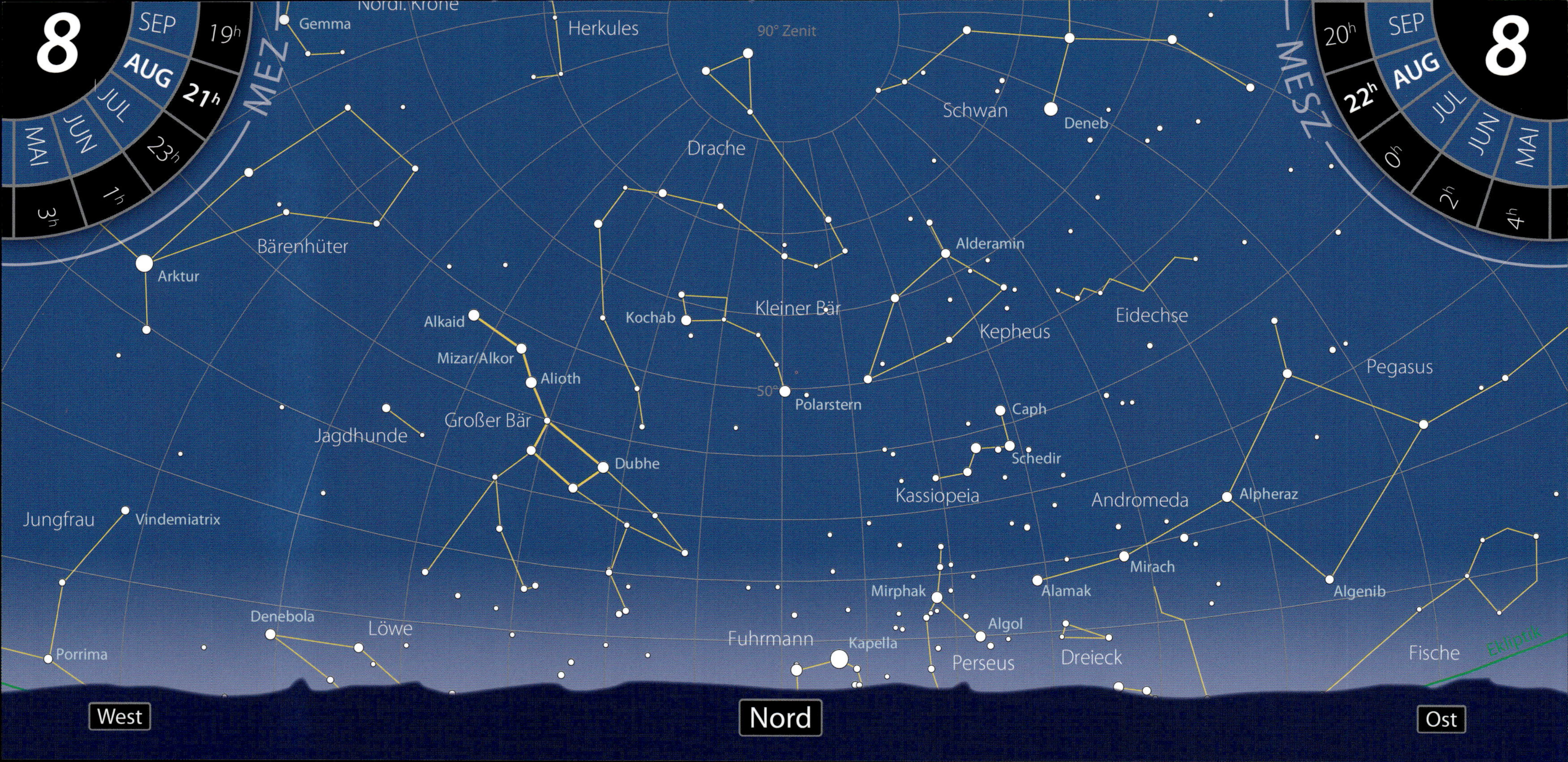

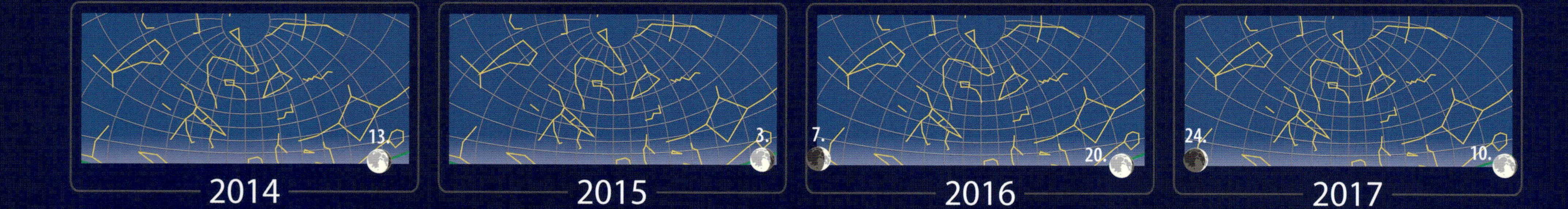

Sterne, Mond und Planeten im August

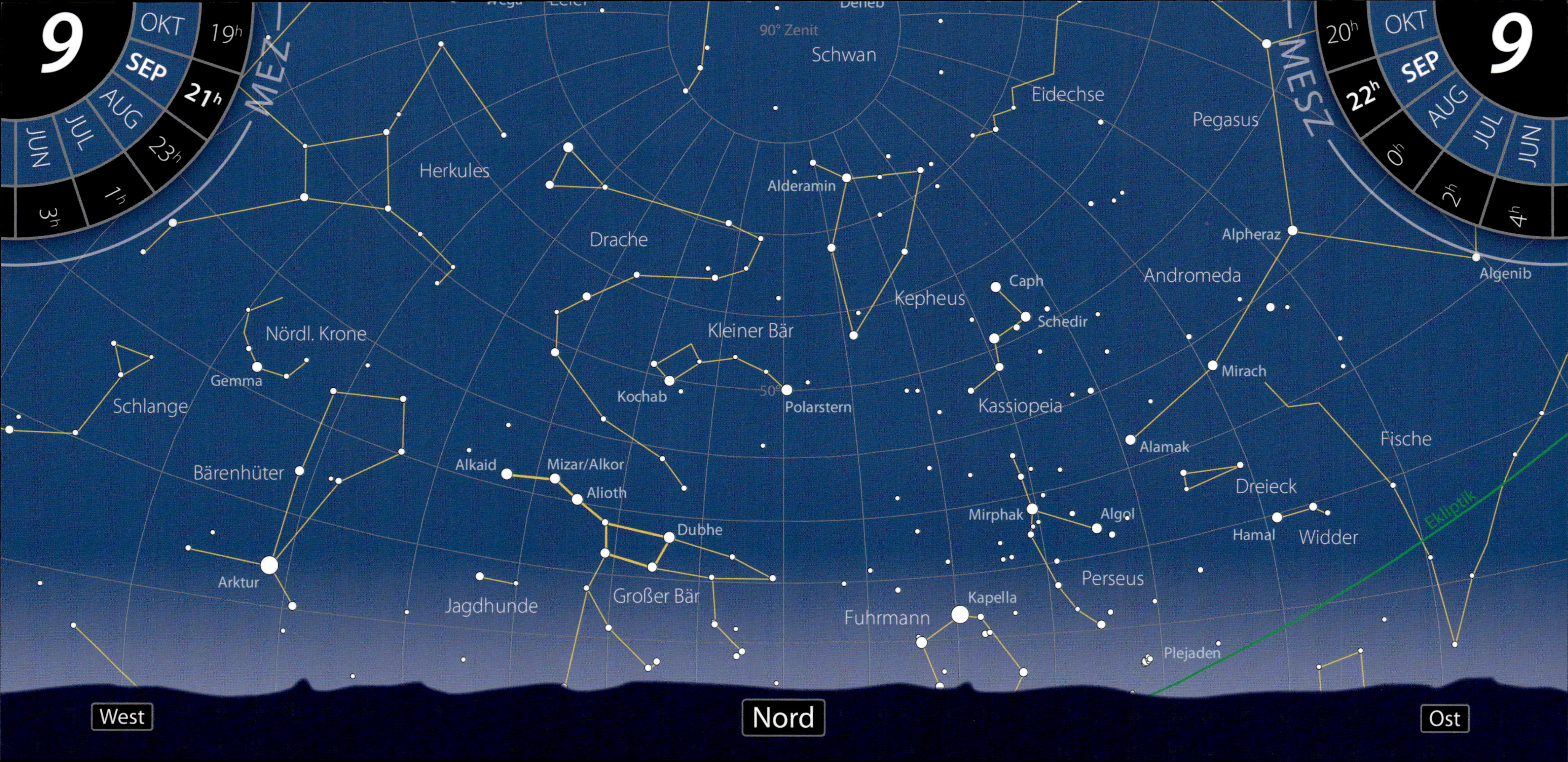

Sterne, Mond und Planeten im September

2014

2015

2016

2017

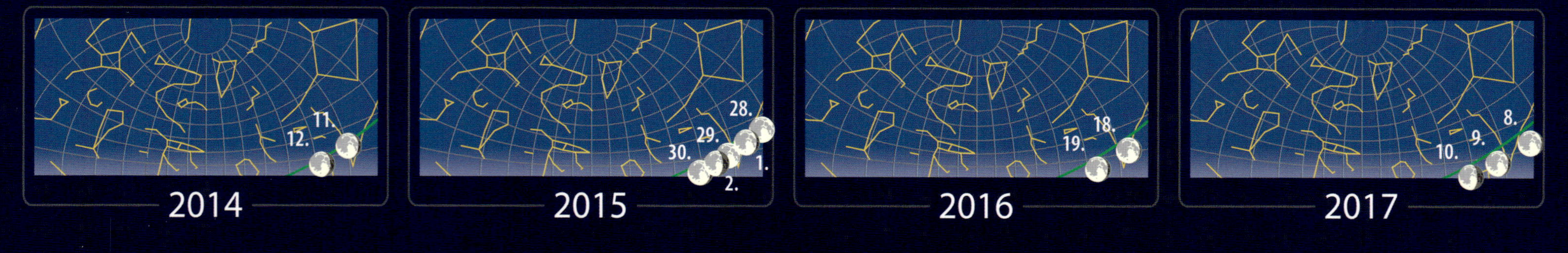

Sterne, Mond und Planeten im September

2014

2015

2016

2017

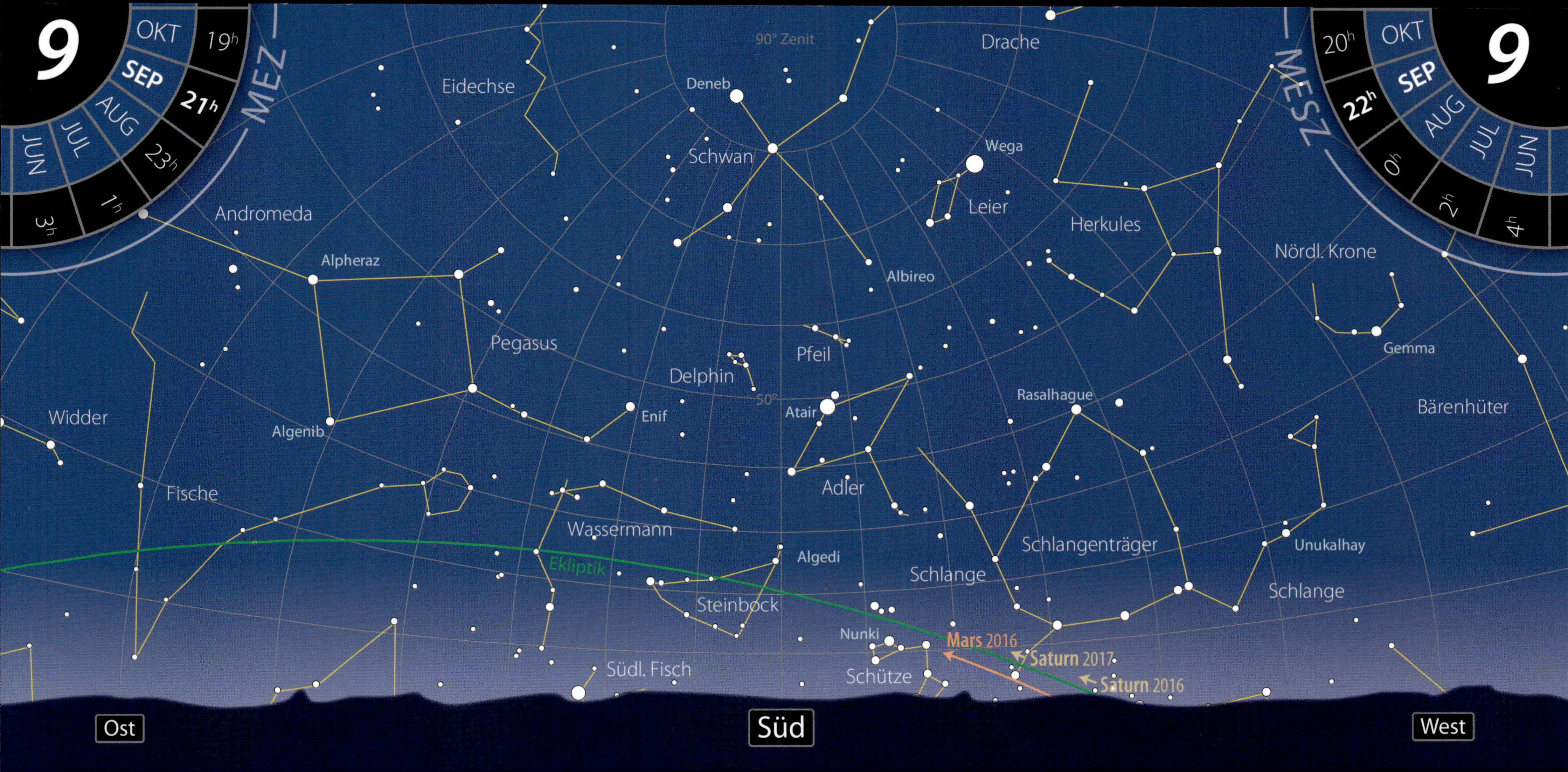

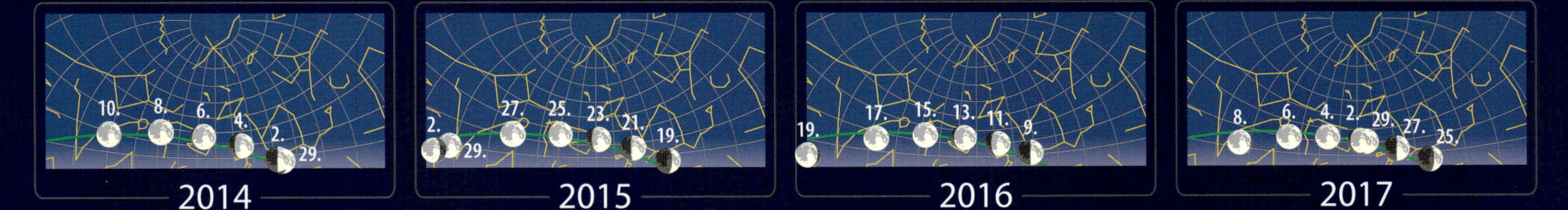

Sterne, Mond und Planeten im Oktober

2014

2015

2016

2017

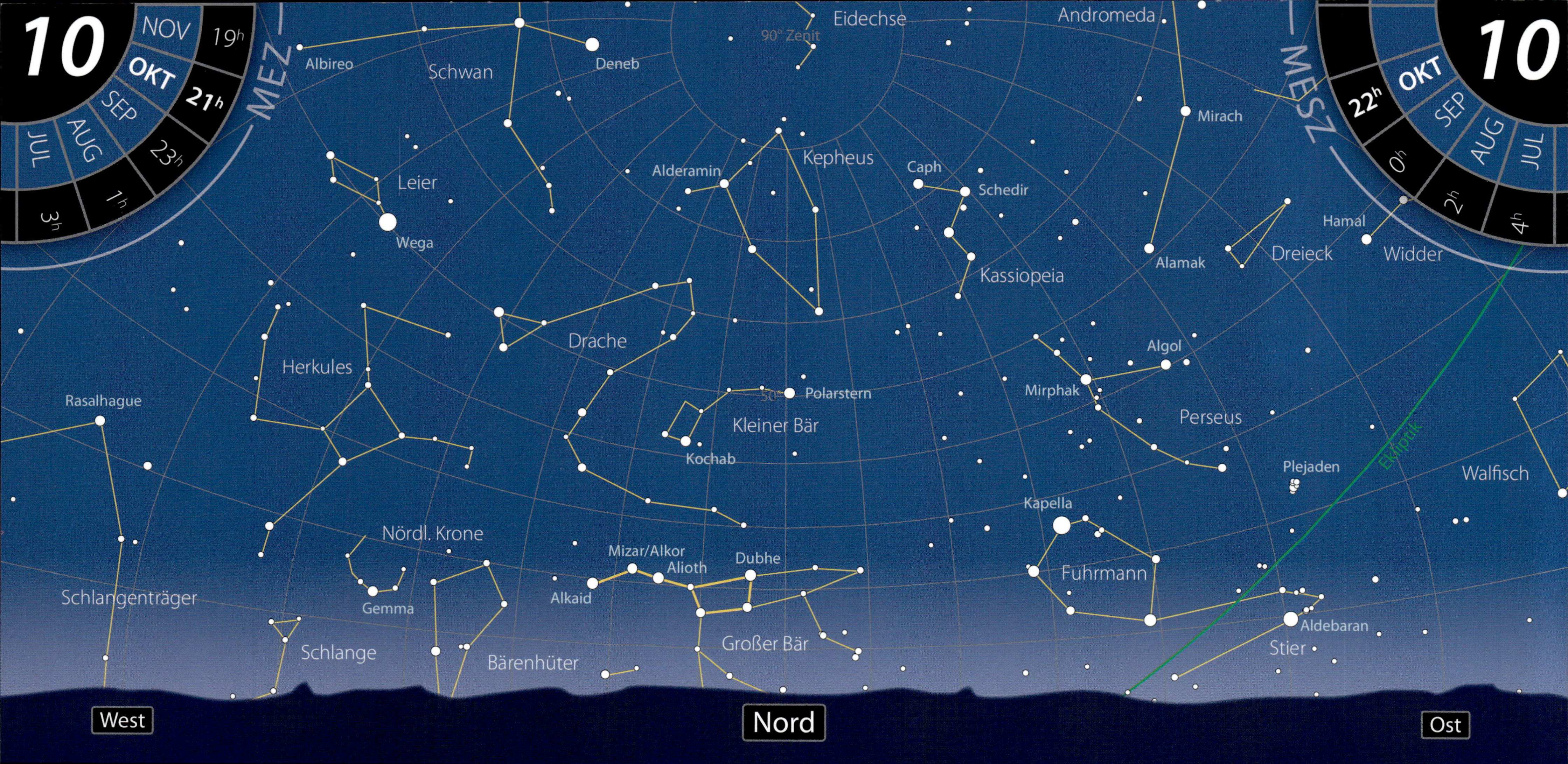

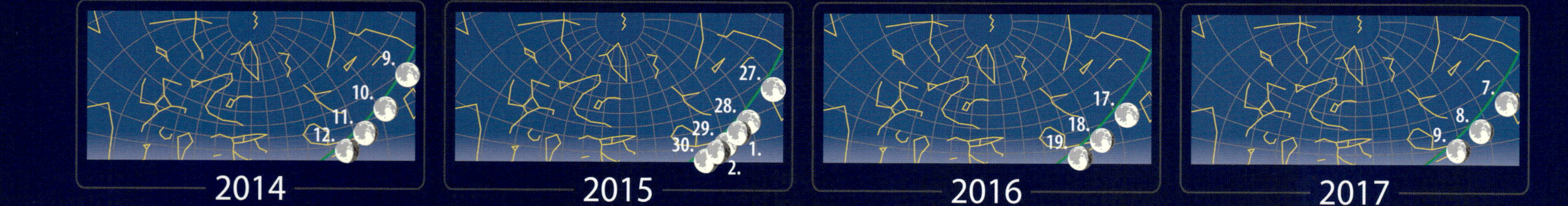

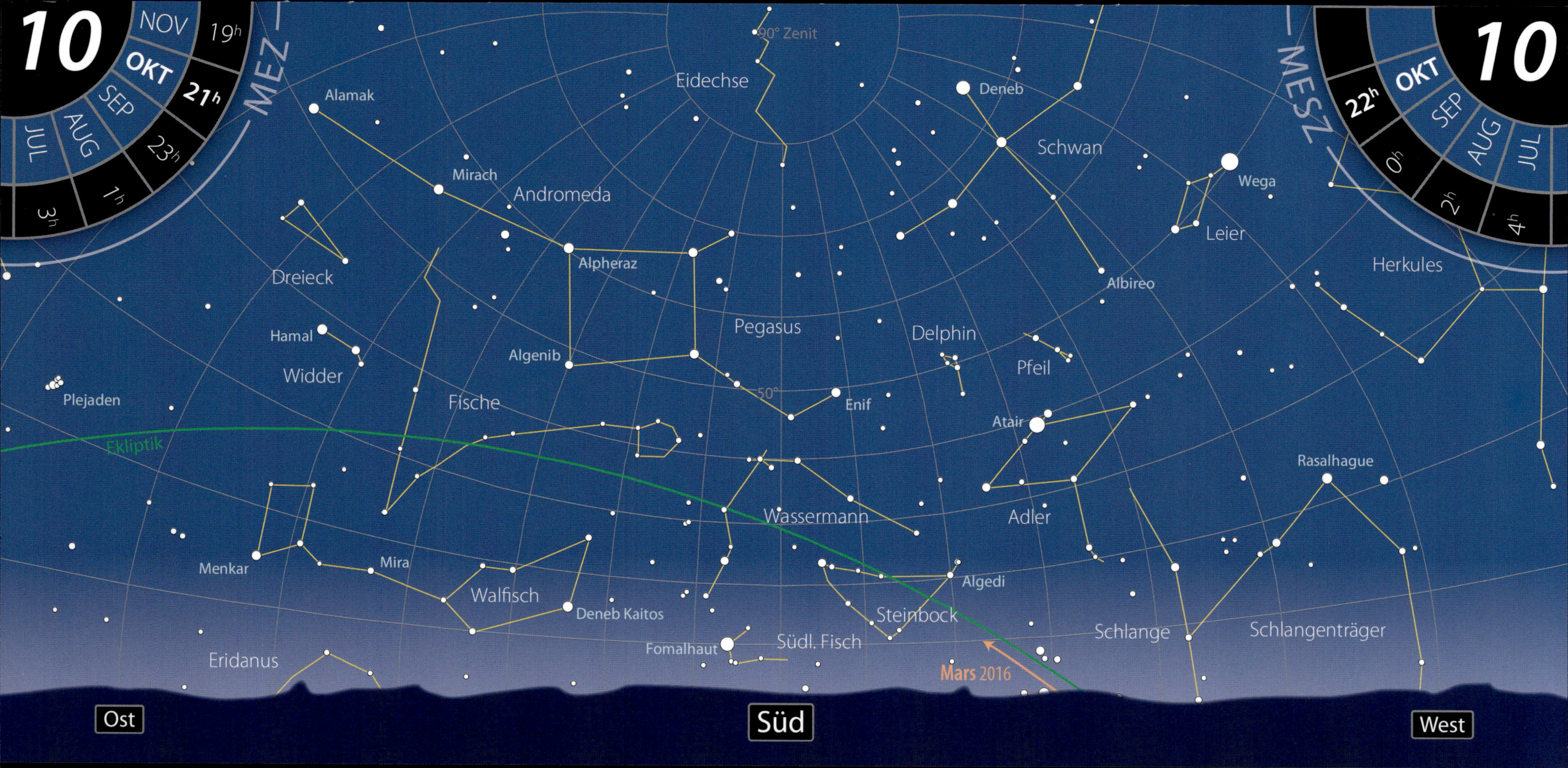

10

NOV 19h MEZ
OKT 21h
SEP 23h
AUG
JUL 1h
3h

MESZ 22h OKT
SEP 0h
AUG
JUL 2h
4h

10

90° Zenit

Eidechse
Deneb
Schwan
Alamak
Mirach
Andromeda
Wega
Leier
Albireo
Herkules
Alpheraz
Dreieck
Hamal
Widder
Pegasus
Delphin
Pfeil
Algenib
Plejaden
Fische
Enif
Atair
Rasalhague
Ekliptik
50°
Adler
Wassermann
Menkar
Mira
Walfisch
Deneb Kaitos
Algedi
Steinbock
Schlange
Schlangenträger
Eridanus
Fomalhaut
Südl. Fisch
Mars 2016

Ost

Süd

West

Sterne, Mond und Planeten im Oktober

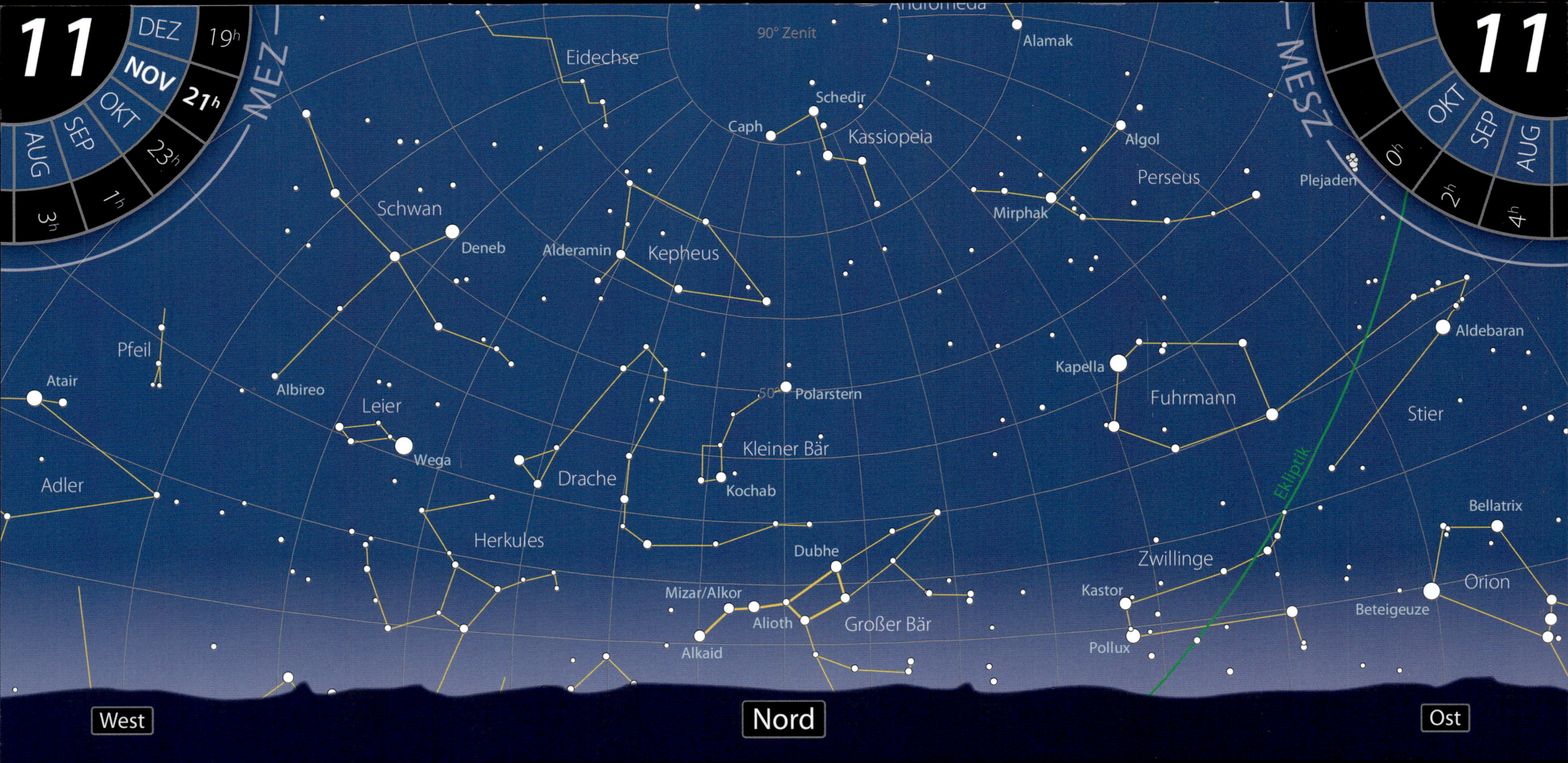

Sterne, Mond und Planeten im November

2014

2015

2016

2017

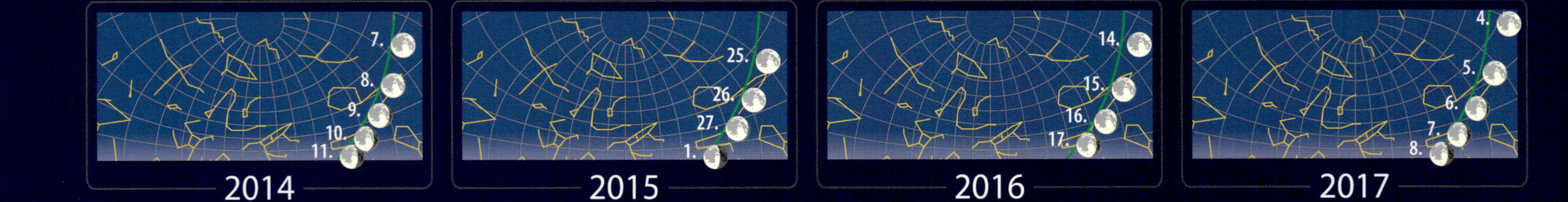

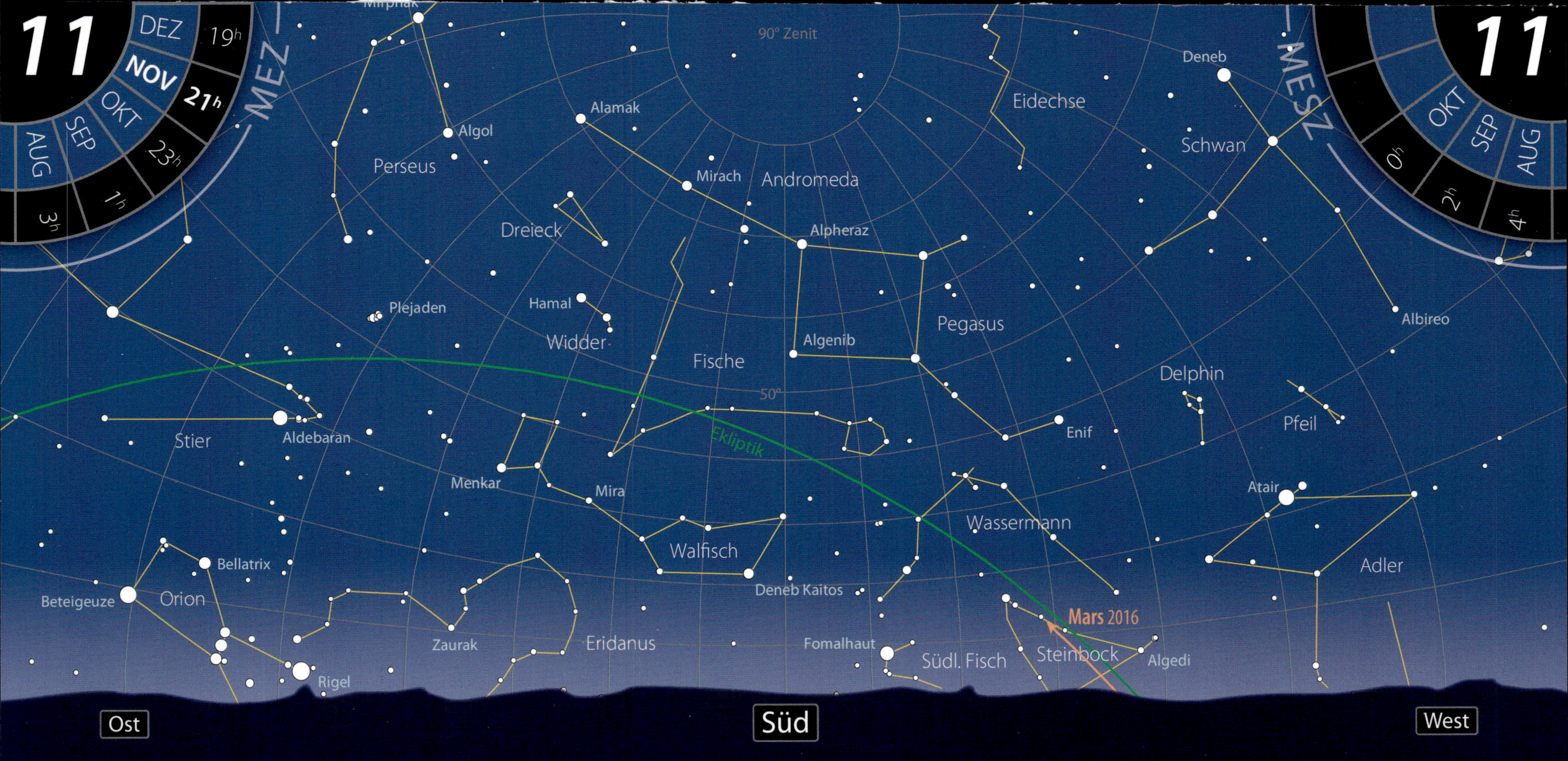

Sterne, Mond und Planeten im November

2014

2015

2016

2017

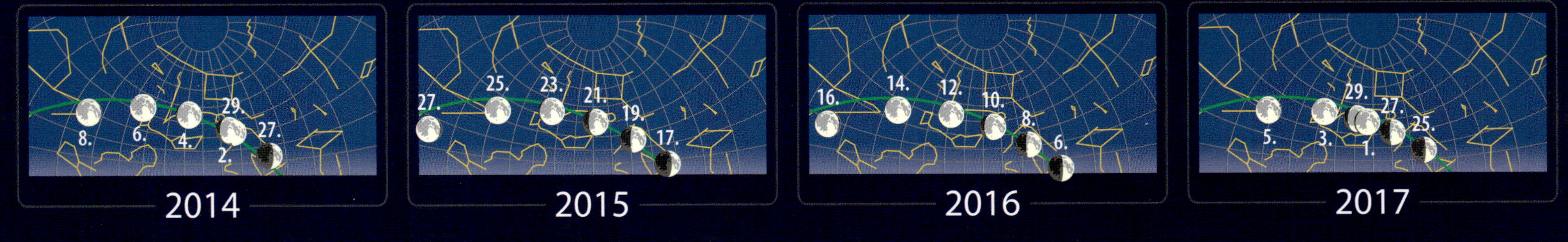

Sterne, Mond und Planeten im Dezember